啟動大腦成功基因！

額葉力

高鶴俊／著　蔡忠仁／譯

序言

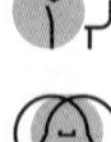

「老公，這次還是試試看，再撐一年好嗎？」

辭職信深深地藏在西裝內側的暗袋裡，老婆有些擔心地對著最後一天上班的我這麼說。直到現在，我才能深刻體會老婆當時的心境，當時的我完全無法感同身受，僅是想要趕快離開公司而已。

四十中旬時所獻身的這個地方是我的第十份工作，而這是我結婚以來第五次遞出辭呈了。老婆在我第四次遞出辭呈時，仍然是積極、大力地支持我的決定；不過，這次卻與以往不同，老婆再也隱藏不住內心的不安感。

以往遞出辭職信的那天，無論別人說什麼，我都是理直氣壯，而且至少在辭職後前兩個多月，每天的心情都是輕鬆且舒暢的。不過，那天真的異於平常，從心底深處突襲而來一陣不安感，如果是以前的話，在辭職後的一個月裡，我會帶著輕快、愉悅的心情跑回家，並帶老婆外食或是為了看喜歡的書籍而跑到書店，但是那天真的什麼都做不了。

當天離開公司後，走了一段路，途中進去了一間咖啡廳坐著發呆，「時間過了多久呢？」「這樣過日子可以嗎？」這些想法時不時地從腦海中一閃而過。在過去的日子裡，一件像樣的事也沒做成，真是感到慚愧與後悔。「怎樣才能算是成功呢？」「為什麼我不能像其他人一樣，朝著成功邁進呢？」

就在此時，恰巧多年的摯友來電，兩個人便約好了一起吃晚餐。

「公司上班還好嗎？」一抵達餐廳，進門後摯友立刻問我。

「不，我辭職了。」要是以前的話，我會這樣毫無顧忌地回答；但是那天卻無法如此，更何況那位摯友如同被稱為「熊」的外號，是個體形魁梧、屁股沉重的傢伙。摯友所待的公司雖然規模不大，但十分的可靠，他已經在那工作多年，儘管不算非常成功，卻維持著非常穩定的生活。

「嗯……不就那樣嘛！」我簡短應付之後，趕緊問候他。

「你呢？」「我啊！還不都是那樣！」雖然是每次都會聽到的一貫回覆，但那天卻不由自主地羨慕起這個傢伙。

在餐點上桌之後，飢腸轆轆的我開始隨便地把食物拼命往嘴裡塞，此時摯友說的一句話刺激了我，成了重新再次回顧我這一生的重要契機。

「你吃飯的速度還是這麼快啊！慢慢吃，沒有人要跟你搶。」

我嘴裡塞滿了食物地看著摯友好一陣子，一直到抵達家門前，腦中不斷地迴盪著摯友說的那句話。

「你吃飯的速度還是這麼快啊！」

沒錯！我不只吃飯的速度很快，連走路和說話的速度都很快，急性子人格的擁有者就是我這個人，摯友的一句話，讓我領會到「因為急躁的個性，無論做什麼事都無法持之以恆」。看看周圍的朋友們，再次驗證了這句話；和我有著差不多性格的朋友們，大部分的人都輾轉換了許多份工作。不過，在一份工作「做好、做滿」耕耘多年的朋友們，不僅性格從容，連動作都很緩慢。整體來說，大致上都是那些在一份工作崗位上堅持奮鬥不懈，慢性子朋友們迎來成功的果實。意思不是一份工作做得越久才是成功的人生，而是**要能完全發揮自己所有潛在的實力，勢必需要一段時間**。

成功的這群人都是在一件事情上奉獻自己的所有，這是無法否認的事實。即使以更好的條件更換工作，也是在自己從事的領域中累積多年的工作經驗，因磨練出的實力受到認可，並非突如其來的僥倖。重要的是在得到成功的果實之前，自己能不能堅持努力下去。到目前為止，我還無法在一份工作裡長期奮鬥，總是性急地做出判斷，然後轉身離去。因為無法被人看見我真正的價值，因此無法得到確切的考核，現在的我，可以說是因為急躁而導致的產物。

為了找出如何才能改掉急躁的性格，我跑到書店去尋找答案；不過，如果要徹底改掉長久以來的性格，光靠閱讀一些書籍好像不太足夠。就這樣，與腦力激盪相關的書籍映入我的眼簾，我順勢拿起來看了一會兒。在那瞬間，我身體裡某種東西開始緩緩地蠢蠢欲動，我將眼前的書買回家後，一讀再讀。「就是這個！我找到答案了，答案就在腦子裡。」要改變自己所需要的「不是該怎麼做」，而是「為什麼要這麼做」。閱讀這些腦力激盪的書籍，使我的知識得到擴張，充分理解如果想改變現狀的話需要怎麼做，也讓我更加確信了我可以改變多大的程度，也一定能成功。

之後，我將書中學到的知識依照自己的方式進行分析與活用，開始改變生活習慣。甚至分享我所經歷過、感受到的成長給更多人，如果平凡的我能夠改變的話，那麼每一個人也一定能夠改變。

重要的不是在漫無目的、長期奮鬥地工作，關鍵在於自己能發揮多少能力；而為了確認這件事，你需要抽出時間對自己的實力進行檢視。若不試著證明自己的實力，只是因無法認清自己的實力而埋怨的話，這是不可取的想法。相反地，公司代表也有可能是性情急躁的人，如果是通過公司標準而錄取的人才，理應給予信任且持續觀望；若不給予發揮實力的時間，性急地判斷做出結論，也許是錯誤的想法。如果真如此，那麼這間公司也必定無法大幅成長。這樣錯失的眾多員工當中，有人可能會跑到競爭對手去，成為威脅公司的因子。

之前我在公司上班時，有位剛進公司的職員做事緩慢，不管怎麼看，都覺得他毫無工作能力，因此沒有人會驚訝他為何不被重用、提拔。受到同事們諸多的冷嘲熱諷，換作一般人，可能早已寫了十次的辭職信，但他即使聽了這麼多嚴厲的批評與汙辱，那位新進員工從不臉紅，勇敢地撐了過來。一開始看起來愚鈍的他，時間久了，大家開始看見他大幅成長的業務處理能力，如今他晉升為課長，已經是公司裡不可或缺的重要人才。那位員工的成功祕訣就是與能等候員工發揮才能的公司一起努力學習，直到自己所有的能力都施展開來，而這一切都是努力堅持的成果。

堅持的力量從哪裡來？急躁性格是天生的嗎？專注力好與專注力差的人之間的差異在哪裡？答案就在我們的大腦裡。理解大腦的運作和知道怎麼活用的人，就一定能成功。

提到肯德基（KFC），腦海中就會浮現出一個形象，無論下雨或下雪的日子，總是在賣場入口帶著開朗、燦爛的微笑迎接客人，這位滿頭白髮並留著白色鬍鬚的爺爺，名叫哈蘭德・大衛・桑德斯（Harland David Sanders）。由於他年幼時無法忍受繼父的家暴，十三歲時便離家，當過鐵道員、軍人及創業家等，從事過許多工作；不過，每份工作都不受命運所眷顧，歷經多次失敗並且離婚。轉眼間已經四十歲的桑德斯，最後在高速公路旁開了間小餐廳謀生。這間餐廳隨即被口耳相傳成為美食店，但天不從人願，雖然生意絡繹不絕，而隨著周圍出現越來越多的高速公路，餐廳再次陷入營運困難，結果在他六十五歲時，不得已必須結束營業。他雖然已經年老，但是仍然沒有放棄，為了能重新站起來，他開發了新的料理方法。又為了將開發出的料理方法宣揚出去，他挨家挨戶地推銷，結果怎麼了？在經歷過千次的拒絕後，最終好不容易跟一間公司簽了約。想想看，六十五歲的年紀，被拒絕千次……，誰能在他那個年紀挑戰這樣的事情呢？桑德斯不曾休息，直到走到生命的終點前，他都持續辛勤地工作著。

如何？你也曾無視年齡大小，為了證明自己的能力而努力奮鬥過嗎？應該問說你曾真正徹底努力奮發過嗎？雖然我曾經認為我已經嘗試過了，但事實上根本不是如此。

現在輪到各位了，是否現在在職場上有著滿腹的疑問，不知為何而戰嗎？還是自己的能力一直得不到相對應的評價，而感到懷憂喪志嗎？恨不得馬上辭職嗎？對下屬員工不滿意嗎？想想看，為了證明自己的能力，已經付出了多少時間？如果得不到答案的話，那麼就讀讀看此書吧！

從現在開始，習慣是如何養成？良好習慣養成的過程是由什麼原理完成？就讓我們透過大腦來瞭解吧！還有，會詳細談一談大腦裡面扮演最核心角色的「額葉」。為了改變我們已經養成的習慣，就必須要徹底瞭解被稱為大腦指揮所的額葉。接著會介紹活化額葉的方法，在所有方法之中，學習新鮮事、經歷新體驗比什麼都還重要。最後，額葉在活化的狀態下，日子要怎麼過才能持之以恆，就讓我們瞭解要如何才能邁向成功的捷徑。希望讀者將此書提出的方法持續在日常生活中實踐，如果能做到這樣，你一定能輕易地改掉錯誤的壞習慣，養成堅持的力量，迎來成功的果實。

除了急躁的性格之外，衝動莽撞的個性、負面消極的思考模式、專注力不足、擔憂與不安等，對於養成在邁向成功道路上所需的堅持的力量，必定成為障礙。這些障礙在活用大腦後，一定能改變成真。由於人的身體活動與精神活動都被大腦所控制主宰，從組成根本的大腦裡尋找答案是理所當然的，人類犯的許多錯誤也需要透過大腦來修正。市面上販售的自我開發書籍裡記載著很多好的「營養食材」，不過，想要用這些食材熬製成美味的料理，別忘了要完成這件事——必須先經過大腦的事實。現在準備好了嗎？如果準備好了，我們從大腦如何運作開始瞭解吧！

好書值得一讀再讀，閱讀幾次也不厭倦。一直以來，都想寫一本可以隨身攜帶，讀了之後能得到啟發而深思的書，希望讀者能將此書隨身攜帶，一讀再讀，直到大腦能下意識地出現這些想法，毋庸置疑地，相信對各位一定會非常有幫助。

高鶴俊

目錄

第一章 大腦如何運作？

第二章 為什麼額葉決定了你成功與否？

第三章 啟動你大腦的成功基因很難嗎？用想的就可以了

第四章 你無法堅持、缺乏恆心，真的是生理原因嗎？

第五章 強化額葉的訓練

第六章 培養堅持力量的解決方案

第一章

大腦如何運作？

理解大腦運作的原理，透過知識或外部的刺激形成經驗，瞭解大腦如何長時間儲存記憶。

1 大腦像機器般運作？

——關於大腦的認知變化

以前的人認為大腦像機器一般運作著；認為大腦依照區域區分，各自進行作業，就如同電腦般，所有的配線都是固定的。舉例來說，眼睛是視覺皮層、耳朵是聽覺皮層、皮膚是觸覺皮層，各自分工，看起來就像許多零件組裝而成的一台機器。因此，認為就如同機器般，如果一個零件故障了，只能用新的零件更換，沒有其他的方法了。但是，大腦無法像機器或是電腦可以更換零件，當某種缺陷被基因採納的瞬間，該缺陷沒有修正或改善的餘地。

大腦是一成不變的這個觀念，是由偉大的思想家和學者們所提出，因此，只要與這些人站在對立面進行論戰，是非常不容易的事情。為了改變地球是平的認知，人類需要經過長時間的等候。牛頓的學理概念發生改變，是在愛因斯坦這位天才物理學家出現之後，還有量子力學，**是被那些主張站在愛因斯坦對立面的物理學家們所揭露出來的**；不過，在自己新提出的理論被認同之前，這些人仍然勢必與始於愛因斯坦舊時代的物理學家們進行猛烈的碰撞。

大腦是一成不變的物理存在

大腦是無法改變且固定的物理存在，這個理論由思想家勒內・笛卡兒所提出；他認為大腦屬於物質世界，心或稱為靈魂則歸類於非物質世界，兩者必須有所區分，主張腦與心是完全不同的「二元論」❶❷。因此，處於物質世界的腦應該遵循物理法則。而之後出現的牛頓是偉大的物理學發明家，他發揮了無人匹敵的觀察力和非凡的智力，提出了宇宙萬物運轉的相對論，流傳後世。

在相對論主宰的世代，要主張大腦無雙是非常不容易的。所有的物質都被認為必須依照牛頓的運動定律，大腦理當也應依循該有的規則運作。不過，大腦領域的發展會如此漫長的原因，並不僅是受限於這些先驅學者們的權威，這點請不要誤解了。

當時，對人類來說，沒有工具能深入觀察微觀世界的大腦，僅只能解剖過世亡者的大腦，卻沒有方法能觀察還活著生者的大腦。因此，當時的人們對於學識高或擁有權威的人所主張的論點，不敢有任何質疑，只能全盤接受。

一八六一年外科醫師布洛卡（Paul・Broca）發現，罹患腦中風的患者出現失語症的原因是大腦左側的額葉受損，這是在解剖大腦後所得出的結論，被命名為「布洛卡（氏）區」❸。也歸功於布洛卡的研究，使大腦是以點對點的作用機制廣為人知。之後，大腦是固定的認知成為大腦研究長久以來的基礎，只是，後續又發現左側額葉一部分受損，小孩卻能正常說話的事實；但即使如此，這些研究結果仍然難以打破當時醫界根深蒂固的既定觀念。

貓咪實驗發現大腦的可塑性

挑戰既定觀念的先驅者是保羅．巴赫－利塔（Paul Bach-y-Rita），他作為最早發現大腦具有可塑性的腦科科學家，最先提出大腦的可塑性能夠治療許多疾病。他在與同事一起研究視覺運作原理的過程中，意外發現此一事實。

保羅．巴赫－利塔的研究是在貓大腦視覺處理區中設置電極，以測量腦區變化，以電流變動的方式呈現。

在給貓咪看不同圖像時，觀察貓咪的視覺處理區如何反應；實驗的結果得知貓咪的視覺處理區會出現反應，代表眼睛在腦中藉由視覺皮質和點對點作用的證據；得出了現今腦科學家們想要的結果。

不過，在實驗途中因為疏失動到了貓咪的前腳，視覺處理區竟然也會出現電子訊號反應。根據現有理論，腳是由觸覺區處理，沒有理由使視覺皮質出現反應。這個驚人的實驗結果說明了大腦不是點對點固定不變的事實❺。因為出乎意料的突發事件，學者們開始對於大腦是固定不變的論點開始存疑。

大腦無論哪個部位都會接受電子訊號來反應外界事件，不管是視覺、觸覺、聽覺，都會均勻地接收到電子訊號。因此，大腦的各區域是分開運作的想法僅只是我們的想法，大腦打從一開始就不是這樣在運作。將視覺、觸覺和聽覺區分開來這件事，本身就是胡說八道（nonsense）的說法。也就是說不管是視覺或是聽覺，都不是那麼重要，聽覺也能處理視覺；相反地，也就是各種可能都有，感覺只是大腦傳遞資訊的一種機制而已。大腦以相似的電子訊號進行溝通，各區域並非各自專責處理，而是不論何種感覺都能處理。科學家們將這種大腦的特性稱為「大腦可塑性」。

笛卡兒和牛頓是洞悉精神、物質和宇宙法則的偉大人物。如果沒有他們的付出，我們現在所達成的成果可能要等到久遠的以後才能實現。當時的科學仍處於學步的階段，無可避免地會遇到大大小小的錯誤。隨著時間流逝，科學也日漸發展茁壯，慢慢地吹起改變的號角，雖然這個出發並不順利，多虧了先知者們，才能打破大腦是固定不變的想法。

2 樹木啊！樹木，神經元樹木！

——構成大腦的基本結構

大腦主要的構成物質是水、神經元和膠質細胞，缺一不可。如果想要知道大腦的運作原理，必須先理解神經元❻。神經元經常被比喻為樹木，因為外形與樹木相似；但千萬不要想像成樹葉茂盛的樣子。神經元與所有樹葉都已凋零的樹木類似，如此比喻的原因只是想幫助各位理解，並不代表所有的神經元都長得像凋零的樹木。我們學習大腦相關知識的原因是為了讓各位能養成堅持的力量，而不是要讓各位成為腦科學家，在這裡僅理解概要的部分就足夠了。

神經元的結構

隨著相當於樹木支柱的神經元主幹往上，可以遇見分枝的地方，在這裡有細胞體，裡面有圓球狀的細胞核。當然神經元並非都長得一樣，細胞核裡有我們熟知的DNA，也就是裝有基因訊息的地方。

以細胞體為中心，分枝往外突出，這些分枝具有與其他神經元相互傳遞訊息的功能，被稱為「樹狀突起（樹突）」。準確來說，樹突末端有一些小小的刺作為接收天線的角色。

然後往樹木的根部走，相當於樹木根部結構的「軸索突起（軸突）」會將訊息傳遞到另一個神經元上❼❽，你僅需要知道這樣就已經足夠了。其實瞭解了神經元的形狀、各部位扮演的角色，在這裡如果能夠再多瞭解一件事的話，就算是徹底瞭解神經元了，那就是「突觸」的區域。

突觸的結構

突觸指的是神經元與神經元之間的小空隙，如A神經元的訊息要傳遞到B神經元的話，必需通過被稱為突觸間隙的地方。因為神經元間是透過突觸來進行溝通❾❿，即突觸從A神經元軸突結束的支點開始與B神經元樹突開始的支點連接著。A神經元軸突尾端開始的突觸被稱為「突觸前細胞」。樹突開始的支點結束的突觸被稱為「突觸後細胞」。突觸前細胞是儲存神經傳導物質（化學物質）的場所，被稱為「突觸囊泡」。若將神經傳導物質視為口袋的話，就會更容易理解，這是非常重要的區域，務必要記得。

總而言之，軸突、樹突、細胞體、細胞核和突觸都是參與神經元訊息傳遞過程的物質。接下來，瞭解一下訊息是經過何種過程而被傳遞的吧！

訊息傳遞的過程

學習新知，給予新經驗的刺激時，神經元會活化。暫時閉上雙眼，想像神經元的形狀；每一顆水滴都是神經細胞，而這些水滴共同構成大腦。當其他地方產生神經電訊號（動作電位）的時候，該區就會出現類似閃電一般，快速地往外傳遞。神經元以「動作電位」的電子作用，將外部進入的訊息從A神經元傳遞到B神經元⓫。

學習新知時，A神經元立刻引起電脈衝，將訊息往下傳送到軸突末端；而你不需要瞭解產生電脈衝的原理，僅需要知道出現電脈衝的事實就已經足夠了。總之，電脈衝到達軸突末端後，就會與突觸相遇。電脈衝會刺激位於突觸前神經元的突觸囊泡，受到刺激的突觸囊泡會將許多化學物質（如腎上腺素、多巴胺、Y—胺基丁酸、腦內啡、乙醯膽鹼等）向外釋出，通過突觸傳到B神經元（活化B神經元）⓬⓭。這些化學物質會使感情產生，隨著何種神經傳導物質的分泌，決定出現什麼樣的情緒。

B神經元也是產生電脈衝，再次向著軸突往下傳導；換句話說，反覆電子活動引發化學反應，然後再次引發電子活動的過程，因此，神經元與神經元之間彼此相連接進行溝通，這種神經元的集合稱為「神經網路」或「神經迴路」。

腦中聚集了許多神經元，而神經元集合彼此匯集成一團的組合，這種組合可能會產生無數個，也可能會消失。神經網路或神經迴路受到外部的刺激而形成的一個形式，最後，外部訊息經電化學反應儲存在大腦裡，這樣形成的神經網路經過反覆的過程而強化。

到這裡，如果都能理解，就算是比笛卡兒更瞭解大腦了。如此的進展如果發生在笛卡兒的時代，一定能改變笛卡兒對於肉體和精神的認知。

3 神經元藉由什麼來傳遞訊號？
——神經傳導物質

讓我們來瞭解一下什麼是神經傳導物質？會進行什麼作用？有什麼種類？外部訊息透過神經元傳遞的機制已經在前面說過了，那麼，什麼訊號會從A神經元傳遞給B神經元呢？而那個東西就是神經傳導物質。

突觸前神經元分泌的神經傳導物質會通過突觸，與位於下一個神經元樹突上各個受體結合，來傳遞訊號。在這裡依據分泌何種神經傳導物質，會決定最終出現什麼樣的情感或情緒產物；因此，什麼樣的想法與分泌什麼樣的神經傳導物質相連接，這是非常重要的機制。

輕微的刺激要使神經元點火較為困難，換句話說，誘發電子衝擊時，只傳遞一種神經傳導物質是不夠的。許多神經元必須同時間分泌很多種神經傳導物質，才能使一個神經元點火，因此，必須使與該神經元連接的其他神經元同時（一起）誘發電脈衝（點火），才能分泌神經傳導物質，而這種機制被稱為「收斂作用」。這多從神經元出發的神經傳導物質聚集在一個神經元[14][15]。當神經元之間的距離越近，就越容易一起使其點火。

如此一來，突觸後細胞點火成化學分泌物，突觸後細胞變換角色，根據電子訊號，流向軸突末端，然後再次到達突觸囊泡，接著往其他神經元分泌神經傳導物質，這樣不斷重複此一過程所經歷的經驗，便形成了神經迴路。經驗是電子作用經過化學作用，再轉變回電子作用的過程，將它符號化。

接下來，讓我們來瞭解神經傳導物質當中擔任非常重要角色的兩大分類，就是興奮型神經傳導物質和抑制型神經傳導物質。興奮型神經傳導物質就是我們知道的神經傳導物質，在A神經元上往B神經元引起電脈衝，相反地，抑制型神經傳導物質是用來調節興奮型神經傳導物質。此種調節機能非常重要，萬一抑制型神經傳導物質不活動的話，會使得興奮型神經傳導物質過度分泌，可能會導致神經元損傷，腦部會遭受嚴重的衝擊；簡單來說，抑制型神經傳導物質可以使突觸前神經元引起電脈衝的機率降低，以維持神經元的健康狀態[16][17]。

這是因為為了連接神經元，比起微弱的刺激，需要更強烈的刺激，興奮型神經傳導物質需要戰勝抑制型神經傳導物質。如同前文所述，不同神經元之間彼此需同時間多發性活躍的原因也是因為這個。

大腦無用的資訊，也就是不使用或是切斷末因強烈刺激而喚起的經驗迴路，使其總是保持在兩極的狀態。抑制型神經傳導物質的重要性就在這個地方，神經元會因為這兩種的神經傳導物質的緣故，不斷反覆地連接與阻斷。

根據腦科學家的研究，現在約存在著一百多個神經傳導物質。在人日常的生活中，每一個神經傳導物質組成了感受情感的要素，在培養堅持的力量上扮演著重要的角色。

更重要的是，神經傳導物質與額葉有著緊密的關係；舉例來說，專注力的能力、衝動傾向的管理與控制、慾望與誘發動機等額葉的功能，都是藉由神經傳導物質來完成的，而且重要的是這些都取決於分泌何種的神經傳導物質。如果我們想要培養堅持的力量，就必須要瞭解神經傳導物質。

誘發成就感和動力的物質—多巴胺

多巴胺是當期盼某件事物時會分泌的內分泌物質，而當期盼實現時也會分泌。杜克大學的米格爾．妮可利斯（Miguel Nicolelis）和約翰．K．柴林（John K. Chapin）進行了關於運動注意力的實驗。他們將活的老鼠的腦連接電極，另一端接著電腦，並在老鼠前面的腳踏板上裝設了飲水裝置以及開關，當腳踏板被踩踏時，水就會自動流出。老鼠因而認知到只要踩踏腳踏板，就可以喝到涼快水源的事實[18]。也就是說，只要踩踏腳踏板就可以喝到涼快水源的期待，使老鼠會踩踏腳踏板。

不過，如果在老鼠的腦中多巴胺受體上投入抑制多巴胺效果的藥物會如何呢？老鼠就不會再踩踏腳踏板了，這是因為期待的感受消失不見的緣故，喪失了想要的慾望或是意志。當我們計劃什麼事，在訂立目標或是目標達成時就會分泌多巴胺[19]，而成就感也就是多巴胺此種化學物質的產物。

多巴胺也與動機誘發相關，某件事物實現完成時，如果沒有任何的報償，就不會分泌多巴胺。受到稱讚或獲得禮物等相對應報償的時候，多巴胺會被分泌出來，這種報償使得在重複進行某件事時，成為持續不懈的原動力。

但是，多巴胺因為是一種像麻藥般誘發快樂的物質，也可能會引發嚴重的問題。如果刻意持續反覆服用促進多巴胺分泌的藥物，大腦會喪失控制能力，一直處於只追求快樂的狀態，最終會使得大腦裡的神經元損壞，導致無法正常生活。

最近成為社會問題的精神分裂症就是與多巴胺有關的例子[20]。當抑制型神經傳導物質無法適當控制興奮型神經傳導物質時，大腦就會誘發一些問題；因此，不是促進多巴胺分泌越多越好，必須適度地調節才行。如果能達到平衡，對於培養堅持力量的重要物質，就如囊中之物般掌握在手裡。誘發動機和適當報償是堅持不懈的必需要素，將多巴胺變成我們這一邊「不可或缺的同伴」，在養成堅持不懈的習慣上是非常重要的一件事。

多巴胺是一種與慾望相關的化學物質，誘發動機或完成事情時所感受到的成就感就是來自於多巴胺。適當地活用多巴胺的作用，無論什麼事都能堅持下去。活用額葉來設定目標，而為使目標達成，試著擬定細部的計畫吧！

感受幸福的物質—腦內啡

腦內啡是一種比被稱為止痛劑或麻藥的嗎啡還要優秀的止痛劑，因而廣為人知。腦內啡在突觸前神經元的突觸囊泡待一會兒之後，會因為電脈衝而分泌出來，與突觸後細胞的受體結合後，參與痛覺和情緒的感知。戰爭中官兵受傷時，能夠強忍著疼痛繼續打仗的原因，就是因為有腦內啡的存在。運動選手面臨極限狀況時能克服壓力，也是因為腦內啡的功勞。

被父母捧在手掌心的孩子在身邊經過的腳踏車要碰撞上的千鈞一髮時，父母會奮不顧身地奔向腳踏車。當救了孩子，確認沒有受傷，才帶著孩子回家。一回到家的父母馬上就躺（坐）下來休息，才後知後覺地意識到腳踏車碰撞的部位開始感到疼痛，這也是因為腦內啡的作用。為什麼在與腳踏車碰撞的當下沒有立刻感受到疼痛感呢？那是因為當時分泌了腦內啡。腦內啡的分泌使得感受不到疼痛感，幫助我們克服了危險的瞬間。

疼痛是非常重要的反應，藉由疼痛讓我們認知到哪裡不舒服，進而進行治療。萬一感受不到疼痛，受傷部位繼續擴大，嚴重的話可能會致命。不過，被老虎追趕的鹿得必須暫時忘卻疼痛，才能存活下來，生死存亡之際，根本沒有時間顧及斷裂的腿。

馬拉松選手感受的代表性感覺「跑者的愉悅感（Runner's high）」[21][22]，也與腦內啡息息相關。馬拉松選手時時刻刻都與極限的疼痛打仗，在某個瞬間，疼痛會完全消失，陷入心情愉悅的幻覺當中，情緒會變得相當激昂，這也是腦內啡作用的結果。

腦內啡可以消緩疼痛，提升幸福感。但是，它不是僅在壓力的情況下分泌；拖著疲憊的身軀回到家，家人歡喜地迎接時，你也會分泌腦內啡。腦內啡在解除緊張的狀態，以及馬上回復到平穩的狀態時也會分泌。

腦內啡也與阿法波（α波）有很密切的關係。在舒適的狀態下，大腦會成為阿法波（α波）狀態，此時會分泌腦內啡；當大腦充滿阿法波（α波）時，專注力、記憶力和創造力相關活動的指數也會處於高峰狀態。

在阿法波狀態時，專注力會提高，也會增加額葉的活動力。平時保持阿法波狀態最好的活動就是冥想，冥想時大腦會保持阿法波的狀態；因此，冥想是使額葉維持健康的有益活動。

提升專注力和記憶力的物質—腎上腺素和正腎上腺素

腎上腺素和正腎上腺素也與專注力和注意力有關，因此需要深入地探討。首先，先來瞭解腎上腺素，腎上腺素是作用在運動神經系統的化學物質。在面臨危機時，我們的身體會使瞳孔放大以及血壓上升，而為了使心臟搏動次數增加，會總動員所有能量，這是為了生存所出現的反應。休息時使用的能量，舉例來說，消化食物所需的能量，由於並非有急迫性，因此會往後推延。但緊張時肚子出現的種種疼痛症狀，則會使得身體處於生存反應狀態，此時所分泌的化學物質就是腎上腺素。腎上腺素也跟腦內啡一樣，具有抑制疼痛的功能，在面臨緊急狀態時，腎上腺素和腦內啡都會分泌。

接下來，瞭解一下正腎上腺素，它作用於大腦以及中樞神經，是可提高注意力和專注力的化學物質。當你突然遭受猛獸攻擊時，正腎上腺素會使注意力及專注力提高。烹煮美味料理將烹調順序記下來時，大腦進行的短期記憶，此時所分泌的物質也是正腎上腺素。

人有時候在面臨重要事情時，會將自己陷入殘酷險峻的環境而緊張不已，這時會分泌正腎上腺素來使專注力提高，適度的正腎上腺素分泌有助於記憶力的提升。

不過，若是過度分泌正腎上腺素，反而會對記憶力產生反效果；因為過大的壓力對身體會產生危害，正腎上腺素在處於壓力時會進行分泌，當壓力過大時則會使大腦和身體出現嚴重的問題。但若是在堅持從事某件事情時，適度的緊張可以促使專注力提高。化學物質無論轉變成為什麼，都必須保持在適當的程度之下才行。

休息和再次充電時所需的物質—褪黑激素

睡眠對於健康大腦的形成是一件非常重要的事。在睡眠期間，大腦不再經歷新事物的體驗，而是使用能量將白天經歷的事件進行分類，將需要記憶的事物記憶下來，需要忘卻的事物拋棄，使得腦細胞可以維持健康。這些在睡眠中進行的活動，皆能在睡眠期間充分地完成。

如果睡眠不足時，會發生什麼事呢？當睡眠不足時，額葉就無法發揮自己的功能，雖然後面會再仔細地說明，但這裡先提一下，一旦發生這種狀況，專注力和記憶力、學習能力和推論能力等額葉的所有功能，都會明顯地下降。

若是額葉的功能低落，學習新知上就會產生困難；原本需要藉由過去的經驗，活用連接的神經元神經網路來學習新知，但會因此使得額葉的功能無法順利地發揮。如果持續的睡眠不足的話，隨著額葉功能的低落，注意力缺乏或罹患憂鬱症的機率則會提高，因此，充分的睡眠對於健康的額葉是非常重要的事情。

褪黑激素是幫助睡眠的化學物質，褪黑激素可調節脈搏、血壓和體溫，使人容易入眠。

褪黑激素根據光線強弱會調整分泌的量，光線刺眼的白天其分泌微量，夜幕低垂時則會大量分泌；因此，如果要睡個好眠，儘可能將周圍環境的燈光調暗。睡眠是使額葉健康的重要因素，一定要特別注意。

靈感與想法浮現的物質──乙醯膽鹼

乙醯膽鹼是影響記憶和專注力的重要化學物質。上了年紀後，記憶力衰退的原因是乙醯膽鹼分泌減少的緣故。隨著年齡的增長，比起新經驗的增加，大多是憑藉著既有的經驗過生活，這樣子的生活絕對不值得期待；因此，不斷地體驗新的經驗來獲取新的資訊，使得化學物質乙醯膽鹼可以正常穩定的分泌，以幫助年紀漸長後趣味生活的創造。

乙醯膽鹼和褪黑激素一樣是與睡眠相關的化學物質。大腦在睡眠中整理當天所發生的事情，睡眠中百分之八十區間是快速動眼期[23]，乙醯膽鹼即是在快速動眼期所分泌；因此，將重要的經驗以長期記憶的方式記錄下來，乙醯膽鹼扮演了重要的角色。

出色的靈感或偉大的發明及靈光閃現的想法，都是在乙醯膽鹼作用的放鬆情況下湧現。冥想則是達到放鬆狀態最好的方式，它有助於發揮卓越的洞察力或是創造出新的變化。

4 尋找新的連接——基因和赫布理論

基因是使我具有特定特徵的要素

A神經元的突觸前神經元所分泌的化學物質（訊息）與B神經元的受體連接後，通過細胞膜的化學物質與去氧核醣核酸（DNA）相遇，這裡的DNA是由新的蛋白質製造或是合成而來。在此過程中，資訊化的訊息會進入細胞核挑選與訊息一致的特定染色體，而將挑選出的染色體外殼脫去的瞬間，就會公開基因的訊息。在公開基因訊息的同時，**核酸**（RNA）會生成，顯現新的遺傳基因。

核酸從細胞核裡出來後，與其他蛋白質結合[24]，這個新的蛋白質會引導出自己的想法、行動、經驗和情感，因此人在經歷事件的同時，會出現許多新的遺傳基因。當新事物出現時，必須要瞭解這個非常重要的機制。

如果只使用從父母親那裡承襲而來的遺傳基因，即沒有任何變化，只是重複固定的生活模式，你就只不過是遺傳基因的奴隸罷了。體驗新經驗，然後以此經驗作為基礎，努力嘗試變化，一定或多或少能夠改你的未來。

不使用且閒置的神經元會死去

出生後擁有的神經元隨著時間經過會不斷地減少，因為一起參與運作的神經元會穩固地連接著，形成一個神經網路；相反地，無法一起參與運作的神經元則會消失不見。在這裡要談及一個有名的赫布理論。神經心理學家唐納德・赫布研究人在學習新知時，大腦會出現什麼樣的變化；他的研究發現，若兩個神經元會反覆地學習、一起運作的話，彼此會穩固地連接在一起[25]。相反地，沒有一起運作的那些其他神經元之間，就會失去連接；因此，沒有一起運作或是長期沒有使用、已經沒有用處的神經元最終會死去。

這裡需要仔細探討的是赫布理論「神經可塑性」這一點。人在接收外部的刺激後，神經元多多少少都會進行重組配置，視障人士食指的感覺皮質比起一般人更大且分布範圍更廣，這是由於為了能點字判讀，指尖反覆接受刺激的緣故。反覆刺激會誘發「邊界神經元」，邊界神經元會將連接較弱的現有連接切斷，與接受強烈刺激的手部感覺皮質一起運作，如此一起運作的話，彼此便會緊密地連接著，符合赫布理論的「不使用就會消失」。那麼，邊界神經元究竟是什麼東西呢？

從外部輸入新的刺激後，神經元就會彼此連接。不過，當相同的訊息不斷地輸入的話，神經元就會開始漸漸地死去。一開始為了接受外部的刺激，大腦的各區域會一起運作，當形成一個迴路（神經網路）之後，會出現未參與該連接運作的區域；因此，在學習新知時，活用的神經元中，部分排除的周邊神經元之間的連接自然而然就會變弱，而這種神經元就稱為邊界神經元。邊界神經元由於與其他神經元相鄰，隨時會被吸引過去，當此神經元越活躍，那麼取代閒置神經元的機率就會變高㉖。

小孩時期擁有的神經元在成人後會消失的原因，是因為沒有體驗新的經驗，從現在開始，只是不斷反覆地體驗過去的經驗，而不使用且閒置的神經元就會漸漸地死去。如果沒有接受新的刺激，根據赫布理論「不使用就會消失」，神經元會逐漸地減少。

老年時，能體驗新經驗的機會更加減少；如此一來，因為神經元的數量逐漸減少，大腦的活動指數急遽下降。由於沒有新知的學習和新經驗的體驗，只是不斷的重複過去的行為模式，剩下沒有希望的未來，所以無關年齡大小，你需要不停地努力學習新知。

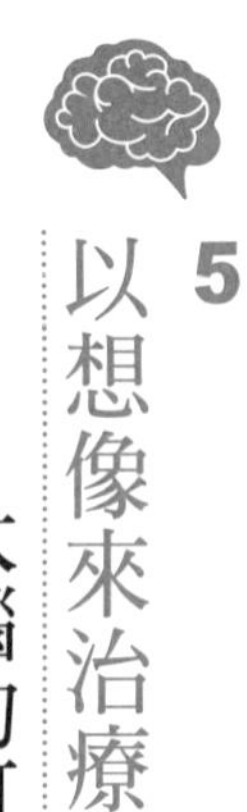

5 以想像來治療——大腦的可塑性

觸覺代替視覺的實驗

大腦是固定不變的理論支配神經學界的一九六〇年代，美國的某科學雜誌刊登了一個不太違背常理的實驗。一張特別製作的椅子和纏繞許多電線的一台電腦，還有電視台使用的攝影機所登場的一個實驗引起人們的好奇心。實驗的對象是從出生開始就看不見的視障人士。

這些視障人士坐在椅背佈滿四百個電極的椅子上，攝影機到處移動監視著周圍的情況。攝影機所拍攝到的景物是經由電腦傳送後，透過椅背上的電極轉傳給這些視障人士，拍攝物如電腦作動為零或一，傳送光亮或黑暗給視障人士，隨時間過去，實驗對象利用觸覺逐漸地開始看得見物體，甚至開始閃避從攝影機端飛過來的物體[27]。

這個實驗首先被《紐約時報》揭露，雖然其他傳播媒體也曾相繼報導，但除了滿足大眾的好奇心，並未引起太大的反應。就當時的情況來說，大腦某部分的功能可以由另一個部分取代的論點並不能被大眾廣為接受，於是實驗的結果很快地被人們漸漸地遺忘。不過，即使觸覺不夠靈敏、完美，但某種程度上仔細探究了以觸覺來取代視覺的可能性，在研究大腦可塑性的最大膽實驗中留下了一些證據。後續雖然極少數相關研究，然而開始出現一兩位科學家針對大腦是固定不變的論述提出質疑及證據，經過這些人的努力，逐漸地看見些許的成果。

以鏡子來治療疾病的神經科學家

維萊亞努爾・拉馬錢德蘭（Vilayanur S. Ramachandran）是專攻神經學的醫學博士及心理學博士，他是大腦可塑性最早的啟蒙者。他的驚人治療使得人們對於大腦可塑性開始關注，並獲得啟發。拉馬錢德蘭提出了奇特的想法，他藉由思考來治療四肢截肢的人常會經歷的「幻肢痛」，此稱之為「鏡像治療法」，是活用大腦可塑性最具代表的例子。

如果沒有經歷不明原因疼痛的人是完全無法感同身受的。以前的人們看到行為舉止異常的人，就會認為被鬼附身而指指點點，聽了這些閒言閒語的患者家屬對於要如何治療這種疾病只能感到茫然，要怎麼做才能解決這不存在的原因呢？

事實上，幻肢就是遭受無來源疼痛折磨的人所經歷的事，如因戰爭失去手臂的軍人感受到來自截肢的疼痛，或手臂遭切除的患者感受到失去的手臂傳來的癢感，乃至喚起了疼痛感。由於這個症狀沒有源頭，因此無法根治。大部分的截肢患者都會出現幻肢痛的症狀，其中一部分患者甚至會一輩子為此症狀所苦，但為什麼會出現這種現象呢？

現在就讓我們來仔細地瞭解一下拉馬錢德蘭提出的幻肢「鏡像治療法」吧！拉馬錢德蘭明確地深信大腦並非固定不變，可藉由大腦可塑性來充分地治療那些失去身體某部位的患者所遭受到的痛苦。為了使自己的理論能適用在患者身上，他製作了奇特的實驗工具。製作「鏡箱」的過程如下，準備一個沒有蓋子的箱子，然後在箱子中間立一片板子，一側的壁面黏上鏡子，將空間一分為二。在與鏡子垂直的箱面分別鑽出能放入雙手的洞，現在只要找來相信這個理論的實驗患者就可以了。

不久後，一個治療機會來了。這是一位因為機車事故而失去部分左手臂的患者，他如同其他接受截肢的患者深受幻肢痛的折磨。治療方法非常簡單，即是將正常的右手與部分被截肢切除的左手臂分別放人箱子的兩個洞裡。接著，患者稍微將頭倒向右邊的手看著鏡子，然後前後移動正常的右手，就是這麼簡單。雖然非常令人匪夷所思，但實際上，這結果讓遭受幻肢痛的患者感到震憾與衝擊，因為感覺到被截肢切除的左手像重新長回來一般，然而事實上左手臂並非重新長了回來，僅只是右手臂在鏡子中照映出來。之後，該患者就將此鏡箱帶回家勤奮地練習，不久後，患者就算沒有此箱子，也不再感受到截肢部位傳來的幻肢痛[28]。

出現幻肢痛的原因是手臂在被截肢切除的瞬間，最後神經迴路變得更加堅固；也就是腦神經繼續地向被截肢切除的手臂傳遞電子訊號，但已切除的手臂已經無法回覆訊息；因此，大腦最後只記得手臂經歷過的事情。換句話說，大腦並非認知到手臂被截肢的事實，而是隨著手臂被切除，不斷反覆最後留下的記憶，一直接收同樣的訊號，疼痛的神經網路則變得更加強化的緣故。但是透過鏡箱向截肢的手臂傳遞訊號，欺騙大腦這是正常沒有疼痛的手臂，由於勤奮地進行鏡箱訓練的結果，使得大腦的神經迴路重新配置，讓大腦最後記憶的疼痛神經迴路切斷連結，再次構成沒有疼痛的迴路。

此治療法是從大腦可塑性的想法出發，如果幻肢是想像不存在的身體部位所出現的疼痛，那麼消除此疼痛的唯一方法也就是利用想像力。拉馬錢德蘭出色的發想對許多的神經學學者造成了影響，進一步的繼續活用以及研究鏡箱的治療。

鏡箱治療法是證明大腦並非固定不變的最具代表性實驗，因此，要將此實驗銘記在心。這是因為為了培養堅持的力量，對於自己該改變什麼地方，鏡箱治療法提供了一個藍圖。

6 捨棄肉體越獄，選擇精神越獄的男人

——想像的力量

為了人性教化（洗腦），經常使用的方法是拘束身體。徹底管制外部的刺激，使大腦額葉的活動力鈍化，讓大腦被控制在容易掌控的狀態。史提夫・麥昆（Steve McQueen）和達斯汀・霍夫曼（Dustin Hoffman）主演的電影《惡魔島》（一九七三年）裡，赤裸裸地呈現了當人類與外部隔絕時，是多麼的狼狽不堪。

人類是透過不斷教化後成長，外部的刺激會促進大腦的活動，新的經驗是給予大腦最好的禮物。不過，隨著切斷外部刺激，大腦的活動也就會跟著停止。外部刺激被切斷的人們，除了吃飯、睡覺和排泄等行為外，無所事事，只是不斷重複著本能的活動罷了。所以隨著大腦裡神經元的連結減少，則會變回原始人類的社會，最後導致人性的喪失。電影《惡魔島》裡巴比龍不斷嘗試越獄的理由，說不定是為了找回消失的人性而不斷掙扎的緣故。

蘇聯的人權運動家納坦・夏蘭斯基（Natan Sharansky）就是一位活用大腦可塑性的人

物。想像自己被關在一坪不到的房間裡，光是想像就覺得大腦會很死板。但是，在這最抑制大腦活動的空間裡，夏蘭斯基在裡面度過了四百天，他是因為間碟的嫌疑被捕，之後為強制監禁在西伯利亞的收容所裡。在這十三年的刑期中，有四百天被關在個人的牢房裡，所以他有超過一年的時間完全與外界隔絕，但他卻一點也不害怕。想像一下，在一個什麼都沒有的地方被拘禁一週，健康的人很可能馬上神經衰弱，然而，夏蘭斯基不曾像《惡魔島》中的主角嘗試越獄，而是利用了大腦的可塑性，開始不斷地想像。

夏蘭斯基自己一個人下西洋棋，在被關個人牢房裡的期間，他光憑想像，下了無數場的西洋棋。由於大腦無法分辨現實與想像，夏蘭斯基靠著想像下西洋棋的時候，他大腦的神經迴路與實際下西洋棋一樣，活性化的部位廣闊且堅固，個人牢房的獨居生活並未使夏蘭斯基的腦部出現退化。

隨著時間過去，當夏蘭斯基從監獄被釋放出來後，移居以色列，並在那裡擔任許多長官職位。在他擔任長官職位時，西洋棋的世界冠軍曾經拜訪以色列，並與有才能的內閣官員進行了西洋棋比賽，但想必世界冠軍應當是無往不利，不過，以最後挑戰者站出來的夏蘭斯基與其他官員不同，並沒有成為世界冠軍的祭品，而這位世界冠軍在夏蘭斯基的身上嚐到了人生首次敗北的經驗。[29]

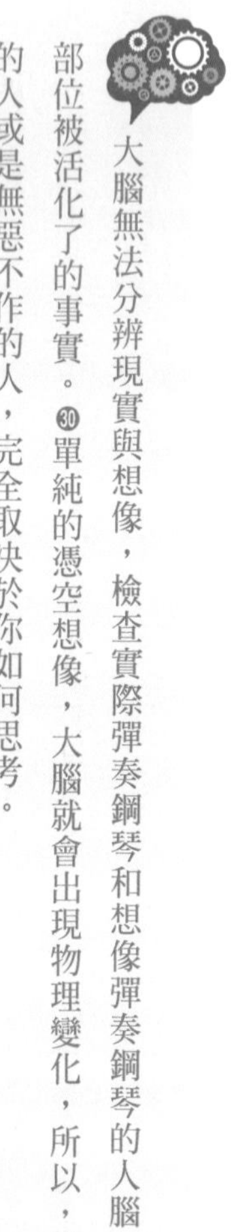

大腦無法分辨現實與想像，檢查實際彈奏鋼琴和想像彈奏鋼琴的人腦，可以得知一樣的部位被活化了的事實。[30]單純的憑空想像，大腦就會出現物理變化，所以，想要成為傑出善良的人或是無惡不作的人，完全取決於你如何思考。

7 多看多學習——打造長期記憶力

隨著大腦浮現「Sonata（奏鳴曲）」這個單字的瞬間，迴路作動，在腦海中找出符合此單字的代表意象，可能是某特定的汽車品牌，也可能是音樂的某種範疇。大腦是如何單只聽到一個單字，就浮現一個特定的意象呢？那是因為過往生活中所經歷的經驗被記憶下來，當做了某種能觸發儲存在記憶中的行動，或是符合當下情境氛圍的想法時，記憶便被召喚出來。

那麼，所有經歷過的經驗都會被記憶儲存下來嗎？公布答案，大腦無法記憶所有的經驗，它不儲存無用的經驗，會拋棄沒有意義的訊息。為了能接收更重要的資訊和新的記憶，大腦需要經常整理出新的空間。花瓣在微風中飄揚、浪跡天涯滾動的石頭等經驗，並不會被記憶在腦海中，大腦需要記憶的是比這些日常瑣事更重要的經驗。

想像坐在溪邊，抬頭仰望天空的場景；若是你獨自一人抬頭仰望天空的經驗，是無法被長久記憶下來的，但如果當時身旁有別人，並且是你深愛的人，這時這種經驗被永遠記憶下來的機率就比較高。微弱的刺激無法激發神經元點火，為了使神經元點火，需要強烈的刺激，再者，反覆的經驗比較容易記憶，然後最終記憶彙整，便成了專屬個人的真面目。

人類單憑環境被動給予的經驗是無法成長的，必須透過學習才能促進成長。不過，也無法因為學習了某種知識，馬上就能內化為自己的一部分，必須當學習在現實生活中被落實及應用，才能被記憶儲存下來；也就是說，當知識反覆不斷被實踐之後，回想時才能變成記憶儲存下來。大腦會根據學習何種知識，然後神經元間彼此連接而形成一個迴路，當這個知識的迴路根據赫布的理論「沒有被使用就會遺忘」，而被「丟包」閒置的話，便不會被記憶儲存下來。但若在現實生活中被採用，使知識迴路點火運作，神經元間彼此緊密連接，才能形成一個神經網路。

舉例來說，假設開車的知識是從書中學習而來，如打方向燈、打開雨刷及排檔等會在腦中形成一個迴路，但是，如果沒有運用書中學習到的知識，這個迴路很快的就會消失不見。接著，想想看如果是報名駕訓班練習開車的話，每次想要操作排檔和雨刷時，腦中所形成關於開車的知識迴路就會一起點火運作，若是繼續練習開車的話，知識迴路就會不斷地被強化，而強化之後的迴路會被儲存為長期記憶，最後，身體就會漸漸地熟悉操作排檔，變成一位熟練的駕駛員。

實踐與情感反覆時，經驗才能不斷地被豐富

想要打造健康的大腦，必須要創造更多新的神經迴路，當新的經驗越多，神經迴路就會增加。現在開始就讓我們來瞭解什麼樣的經驗能使大腦發達。

前面已經瞭解了「藉由外部刺激引起的經驗」和「透過知識學習的經驗」，也知道了所有的經驗並非都能幫助大腦成長的事實，也就是說，微弱的刺激或未經實踐的知識即使經歷再多，也沒有任何意義；那麼，藉由外部刺激引起的經驗和透過知識學習的經驗，哪一個更容易且快速能變成記憶而儲存下來呢？就讓我們一起來探討。

為了支付商品的價格，需要數學的知識，而平時能夠毫無問題地購物的原因是，因為在日常生活中我們會不斷地使用數學知識。不過，世宗大王的出生日期、厄瓜多的首都在哪裡卻記不得了，雖然以前曾經學過，但由於日常生活中不會使用，便會從我們的記憶中消失。由此可知，知識必須反覆不斷地實踐，才能被烙印在腦海中。

相反地，因為九一一恐攻或聖水大橋事故般的外部刺激形成的經驗與透過知識學習的經

驗不同，這種外部刺激並非透過反覆經驗或刺激而形成記憶，而是立即在大腦中留下深刻的記憶。因此，外部刺激引起的經驗比起透過知識學習的經驗，更加容易形成新的神經網路。不過，環境給予的經驗並非都是相同的，如同前面提及的田野間的花朵和滾動的石頭，因為並沒有提供任何的刺激，所以不會被記憶下來。

像要轉換成長期記憶，外部刺激通常必須非常強烈；換句話說，必須伴隨著情感才行。即使九一一恐攻和聖水大橋事故已經經過了數十年，仍然記憶猶新的原因就是情感的投入。悲傷、憤怒和恐怖等情感，使得經驗會被記憶下來。

前面談及了神經元是如何接收及回覆訊息，也知道了神經元與神經元之間的突觸上裝載著神經傳導物質的儲藏所，外部的強烈刺激（訊號）會使神經元引起電脈衝，此電脈衝會將訊號經過軸突傳遞到突觸前神經元，過了一會兒，突觸前神經元的神經傳導物質會分泌化學物質，而此化學物質便會誘發情感的產生。

當過往記憶湧現，形成記憶時所分泌的化學物質會再次被分泌。[31]因此，每次當記憶浮現時，會再次感受到過去的感覺，這也是為什麼當我們聽到收音機裡播放歌曲時，會憶起往事的原因。記憶中的場所、相關的人、年紀，甚至是味道都歷歷在目，此種經驗伴隨著情感才能深刻的被記憶著。

重新整理，要使大腦活化，必須要有新的神經迴路；新的神經迴路有兩種形成的方式，一種是藉由外部刺激引起的經驗，另一種是透過知識學習的經驗。

透過知識學習所輸入的經驗可以藉由反覆實踐來強化，藉由外部刺激所輸入的經驗必須伴隨情感才得以強化。因此別忘了，新的刺激可以使神經元與神經元彼此間連接得更緊密、穩固，這才是讓大腦維持健康的方法。

以熱情和毅力成功的名人們1

堅持遵循父親遺言的——司馬遷

優秀史學家司馬遷的父親司馬談，很早便發現司馬遷的才能，在年幼時就讓他閱讀許多書籍，並暢遊各地來增廣見聞，而這些也就成為司馬遷編輯史作《史記》的重要基礎及經驗。原本《史記》是司馬遷的父親司馬談想要撰寫的遠大夢想，但未能實現此一夢想，司馬談就病逝了。臨死前司馬談將自己無法完成的史書編撰當成遺言交代給兒子司馬遷，而為遵循父親遺言的司馬遷，立刻著手進行史書的編寫。

當編寫作業順利進行的同時，司馬遷奉漢武帝的命令參與討伐匈奴，後來因為替寡不敵眾兵敗投降的李陵辯護，得罪了漢武帝遭受牢獄之災。當時司馬遷面臨選擇屈辱的宮刑處罰或是判以死刑的難題，最後為了完成父親所交代的遺願，完成史書的編寫，只好選擇了連男人都無法忍受的宮刑，死裡逃生。

遭受宮刑後，被釋放的司馬遷因為後遺症受盡痛苦的折磨，但他仍然沒有停止編寫史書的工作，最後終於完成中國最偉大的史書《史記》。雖然因為曾遭受宮刑而被人們鄙視，但憑著一心想完成《史記》的信念，強忍的肉體的苦痛，不顧周圍的視線，最終留給後代偉大的史書。

萬一司馬遷不是選擇忍辱負重的人生，而是選擇死亡的話，結果會是如何呢？《史記》不僅是中國的歷史，也記載了古朝鮮的歷史；因此，司馬遷如果放棄編寫《史記》，我們的一部分歷史也會永遠地消失不見。

始終以愛國精神拯救國家的聖雄——李舜臣

李舜臣出生於兩班人家，不過由於爺爺為己卯士禍牽連，導致父親李貞無法升官，之後開始家道中落。因此，李舜臣捨棄文官而崇尚武官，當年他二十二歲。二十八歲時，李舜臣首次參加武舉考試，不過卻中箭落馬，但是他仍未放棄，等待了四年，在三十二歲時考上武舉。雖然在年紀稍長時才當上官職，仍然保持端正的品性，但也因為這樣的性格，曾經閒職了好長一段時間。最後，在身邊一直看著這一切的柳承龍的幫助下，李舜臣被派任為井邑的縣監，當時他四十五歲，而從那時候開始，李舜臣展現傑出的能力。

當時，日本正虎視眈眈找尋侵略朝鮮的時機，最終決定侵略朝鮮，果斷地採取軍事行動。爆發壬辰倭亂後，朝鮮接連屢屢戰敗，一次也沒有戰勝，無可奈何地眼看著就要滅亡了，在朝鮮面臨存亡危機時，像英雄般挺身而出的人就是李舜臣將軍。李舜臣將軍卓越的謀略和驍勇善戰，為朝鮮帶來了第一場勝利，這場像煙火般的勝利無疑救活了奄奄一息的微弱火苗。李舜臣的活躍為壬辰倭亂帶來了戲劇般的轉折，結果朝鮮最終阻擋了日本的侵略。

李舜臣留給我們的真正教訓是捍衛國家並不全然只靠將軍的智謀，處於危機時，雖然是拯救國家的英雄，但在當時不僅沒有一位官員認可李舜臣，反而是猜忌、嫉妒，甚至是到了誣陷的地步。連皇帝宣祖都被奸臣的話所欺騙，將李舜臣關進牢房問罪，這對於為朝鮮帶來唯一一場勝利的李舜臣來說，是多麼殘忍的對待。不僅如此，他在戰爭中還失去了自己排行第三的兒子，而且更殘酷的是，當他的三兒子在鳴梁海戰中戰死，在戰爭中他還收到了母親死亡的消息，這對十分孝順的李舜臣來說，是永遠無法撫平的傷痛。

但儘管如此，李舜臣絕對不輕言放棄，突破所有逆境，接連勝利後，將朝鮮從危機中拯救出來。如果李舜臣在拋棄他的國家面前、在比自己先戰死的兒子面前和母親死亡的面前，就因灰心喪志而屈服的話，朝鮮能夠寫下五百年的歷史嗎？不，應該問我們現在腳底下踏著的這塊土地，還是叫作大韓民國的國家嗎？

第二章

為什麼額葉決定了你成功與否？

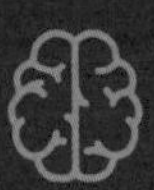
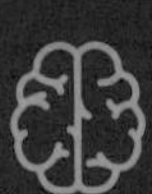

提升專注力、調節衝動、阻絕不安與擔憂、慾望與動機的誘發、擺脫急躁症、改變負面思考、擬定細部計畫、培養堅持的力量不可或缺的重要要素，這些都是額葉的重要功能。

8 額葉損傷的話，會造成什麼後果？

——使額葉受到關注的事件

一八四八年，鐵路公司職員費尼斯・蓋吉（Phineas Gage）平日負責帶領爆破山脈的爆破組，某天因為發生爆破疏失事故，造成他腦部被鐵管穿透的嚴重傷害，任誰來看都認為存活的希望渺茫，但他卻奇蹟似地活了下來。但是他變得不再是以前的那位蓋吉，他變得容易激動，摸不著頭緒，無法正常行事，因此無法再勝任主管的職務，最後丟了工作。而對他個人造成不幸傷痛的這場事故，日後卻成為了大腦科學發展的轉捩點。❶❷

蓋吉在遭遇此事故時，科學家們對於額葉的認知與現在截然不同，比起額葉的功能，他們更重視中腦或小腦與腦之間的功能。中腦的邊緣系統負責我們感受情感的區域❸❹，因此當他們在治療罹患情緒疾病的患者時，會特別注意邊緣系統。但是，費尼斯・蓋吉的案例完全打破了大家對於額葉的認知。

蓋吉受傷的部位是額葉，其他部位則是一點也沒有受傷。在當時，由於額葉的功能尚未被徹底揭露出來，治療他的醫生們都沒有料想到他的性格會一百八十度的轉變。從那時開始，科學家們便開始仔細地深入研究蓋吉的案例。隨著時間過去，從蓋吉的案例中，發現了驚人的事實與成果，科學家們因而才瞭解到大腦前端的額葉是如此重要，原來額葉是控制情感的腦邊緣系統。

想像一下學生們在教室內上課，當老師站在黑板前面授課時，學生們便會集中精神聽課，而當老師短暫離開講台時，底下的學生們就會開始喧嘩吵鬧，這是因為管教學生的老師不在場的緣故。蓋吉的案例也與這種情況類似。一旦額葉的功能喪失，喪失管控者的邊緣系統就會橫行無阻，理性的蓋吉也就會出自於本能而性格大變。他的行為會變得自私，行動前不深思熟慮，無法徹底執行自己擬定的計畫，不像之前有自信的工作，而是失去熱情像行屍走肉般地工作著。

從蓋吉經歷的事故中學習到的是，當額葉功能損壞，人會變得衝動且容易散漫，無法專注地從事一件事情，甚至會失去生活的慾望。反過來說，額葉可以提升專注力、使人擬定計畫和培養執行計畫的能力，而且有助於做事時深思熟慮，防止衝動行事。

費尼斯・蓋吉遭遇的不幸事故促使額葉的功能被揭露出來，也就是說，額葉能提升專注力和抑制衝動，控制情感和擬定計畫。之後腦科學家們關注的焦點，從包含邊緣系統的情感大腦變成促進理性思考的額葉。

9 額葉切除術的可怕後果

——失去慾望的人們

研究額葉的歷史是從一件不幸的事故開始的，但是接下來要談論的案例更加的悲慘。人類收到最偉大的禮物—瞭解額葉功能的過程，竟然是一連串不幸事故的功勞，這是多麼諷刺的一件事啊！

一〇三〇年代，在美國實施了將罹患精神疾病患者的額葉切除的治療方法，此手術特別是替那些罹患性格障礙的患者進行的駭人治療法。❺醫生在讓患者睡著之後，用手術刀從雙眼中間切開，然後切除額葉。這個治療法早先是在黑猩猩身上進行的實驗，並觀察其效果。對於經常激動的黑猩猩進行額葉切除的結果是，黑猩猩會變得十分乖巧且溫順，也很聽話，因此，科學家們立即以實驗的結果將它應用在人類身上。

接受額葉切除術的患者都出現一個相同的行為，清醒後變得安靜且懶散，並失去慾望。對於熟悉的事物，也就是過去執著的東西，不再懷有熱情，一點也不想再繼續發展，他們的日常變得如此平淡，每天重複著一成不變的生活，樹立警戒的城牆，將自己關在裡面。而最大的不幸是喪失了投入一件事情的能力，雖然還是能開始從事某一件事情，但全因為缺乏注意力且散漫，而無法順利完成。

由於這個事實，為了培養堅持的力量，必須要關注的大腦部位就是額葉，相信各位現在已經非常清楚了。額葉使我能有意識地清醒著，加上與大腦其他部位的緊密連接，控制著我們的身體。想要培養堅持的力量，就必須要喚醒沉睡的額葉，使額葉健康地活動，改變自己。那麼額葉什麼時候會完成發育？很遺憾地，額葉在大腦中是最晚發育成熟的，通常是在二十五歲前後，額葉才會發育完全。❻青少年時期和二十歲初期出現的膽大行為，都是由於額葉尚未發育成熟所造成的。

接受額葉切除術的患者會變得懶散且喪失慾望，無法徹底完成一件事。這樣的案例證明了為了發揮能力所需培養的堅持力量，重點就在大腦的額葉。

10 我要來買什麼東西呢？

——額葉的功能❶提升專注力

額葉使人有意識地行動，決定將意識放在什麼地方。一旦決定將意識放在什麼事情後，便會馬上採取行動；切斷與現在要做的事無關的迴路，使注意力集中。

想像要去超市買泡麵，當從家裡出門的那一瞬間開始，我們會受到周圍環境的許多刺激，與認識的人碰面，被購買物品大排長龍的人潮吸引，並投以視線注目，經過交通事故的現場，會以擔心的眼神張望好一陣子。然而，最後還是一如最初的目的，買完了泡麵後回到家，而幫助完成這項單純任務的就是額葉。

雖然聽到這樣的說法會覺得很奇怪，額葉出現問題的人連去超市買泡麵，如此簡單的事都無法完成。即使他們一開始就計劃要買泡麵，卻因為受到周圍其他刺激的影響，最後忘記自己出來要買什麼，這是額葉出現問題的人經常發生的事情。

注意力缺陷過動症（ADHD），是無法在一個狀態裡持續投入注意力的疾病。而且諷刺的是，ＡＤＨＤ患者對關心的事物越投入注意力反而越散漫，那是因為額葉活動更遲鈍的緣故。腦科學家們用ＳＰＥＣＴ（單光子放射電腦斷層掃描）來檢查ＡＤＨＤ的患者，結果發現當他們集中注意力在某件事情上，額葉的活動反而會下降。❼

額葉的問題並不只是個人的問題，ＡＤＨＤ會使壞習慣養成，社交能力低落，最糟糕的情況是，患者會成為問題兒童。話雖如此，但從現在開始注意額葉的問題也不遲。談到專注力的話題，一般最常想到的對象是熟練冥想和祈禱的修道人士。信仰是使額葉活化最強而有力的手段，腦科學家找來了和尚和修女，請他們冥想和祈禱後，檢查他們額葉的活動力，發現額葉的活動力會顯著地增加。❽因此，可以確定當我們專注在某件事情上，額葉會是多麼繁忙地運作著。

不能因為成功去超市買回泡麵，就過分相信自己的額葉。舉其他例子來看，想像自己在捷運站裡雙手打開書本，接著專心埋首於文字裡，這時額葉開始活動。但是，稍後捷運裡設置的螢幕播放精彩的電影廣告，一下子就馬上抓住拖著疲憊身軀、剛完成例行日常行程的乘客的視線，當然連你自己本人也不例外，不知不覺中，你也像其他乘客般全神貫注在廣告裡。

接著，我們再來看看其他的例子，你信誓旦旦地加入健身房，勤勞運動一週，一個月後再次確認出席率，發現竟然只去了半個月，隔天便下定決心要更努力地運動，但出席的天數卻總是不斷減少，這種事情在我們生活周遭是很常見的例子。不過，沒有幾個人會認為這是一個問題，這種反覆的行為已經成為日常生活的一部分。

相反地，運動選手的專注力就像宗教信仰般的堅定；如在棒球選手的眼裡，棒球看起來就像西瓜一樣大，這是因為他們的眼睛發生異常才出現的現象嗎？結果並非如此，運動選手和一般人的差異是什麼？那是因為額葉的健康狀態，一般人的行為與額葉的健康距離很遠，相反地，運動選手從不休息地進行訓練來強化額葉。強化後的額葉能培養專注力，這對一般人來說不是什麼問題，但對運動選手來說卻是需要克服的問題。

在從事某事時，額葉確實能幫助集中專注力，不過如果缺乏意志或努力，額葉是無法自動自發地進行運作，所以當我們用意志力專注在某件事情上努力不懈，這時額葉便扮演著堅定意志的角色。閱讀書籍時擺脫電影廣告的誘惑，在前往健身房的路上，堅定拒絕朋友邀約喝酒的邀請、抵抗奔向情人濃郁的香水味等各式各樣的刺激，使自己專注在運動健身上，只要你有強烈的意志，額葉一直都會站在你這一邊。

想要培養堅持的力量，即使是小事，也必須集中專注力，專心投入，如此就需要額葉的幫助。健康的額葉能幫助一個人集中專注力在他想做的事情上。

11 阻止情緒暴走——額葉的功能❷調節衝動

前面介紹的費尼斯．蓋吉案例和從額葉損傷的患者身上得知的事實，是因為無法抑制衝動，如果左側額葉的下方，即與眼睛最靠近的部分損傷的話，就會喪失控制調節衝動的功能。[9]

接著，讓我們來瞭解額葉尚未發育成熟的小孩，他會如何的反應呢？想像有一位手中拿著糖果微笑的小孩，而他已深深陷入甜味的世界無法自拔，這時，假設要從那位小孩的手中搶走糖果，小孩一開始為了不讓糖果輕易地被搶走，會緊緊地將糖果抓在手裡，大人於是積極地說服小孩說：「糖果對身體有害，不可以吃太多。」雖然這樣會對小孩的額葉進行呼喚，但對於額葉發育尚未成熟的小孩來說，並沒有壓制邊緣系統的能力；因此，額葉不會做出任何反應。接著，按奈不住的大人強制地搶走小孩手裡的糖果，結果是小孩便爆出驚天動地的哭鬧聲。額葉沉默的期間，由於邊緣系統活躍地運作，是不可能切斷小孩大腦中堅信不移對於「甜味」的神經連結。

即使長大成人後，下面這種情況也會經常發生。假定有一個人每天固定抽一包菸，而這個人到底要下定決心戒菸幾次才能成功呢？他能一次就戒菸成功嗎？如果一次就戒菸成功，可以視為具有健康的額葉；不過，下定決心後無法戒菸成功的原因，就必須要確認額葉是否健康。

像這樣要改掉長期養成的習慣時，大腦又是如何的運作呢？大腦密布了許多神經元，而這是構成大腦的基本細胞。大腦會藉由神經元執行許多有意識或無意識的事情，當神經元在接收到這些電子訊號時，會分泌被稱為神經傳導物質的化學物質，而此化學物質會引起情感的反應。

戒菸失敗的原因

神經傳導物質在想要戒菸的人體內會引起什麼樣的反應呢？當吸菸者感受到壓力時，自然而然就會想起香菸，吸進一口香菸後吐出煙的瞬間，能感受到壓力也一起被拋棄的感覺，這是因為神經傳導物質多巴胺的緣故。抽菸的時候會分泌多巴胺，此化學物質在我們單純想像抽菸的樣子也會分泌；多巴胺是一種當我們期待某種事物，而期待被滿足時會分泌的化學物質。

神經傳導物質在被稱為突觸的神經元間的小間隙中分泌，這個突觸的前端有聚集神經傳導物質的儲藏所，在此儲藏所中分泌多巴胺，經過突觸與受體相遇。問題是當神經傳導物質變多的話，接受這些物質的受體的空間也相對需要變大；因此，就變得需要更多的神經傳導物質。[10]在此狀態下，宣示不再抽菸的話，就好像因為客人太多，將收銀台變多、變大，反而使得客人變少，收銀台變得毫無用處。店家無法坐視看著變得毫無用處的收銀台，於是展開應變的行動。為了吸引客人，開始打起廣告，走出門外，向路過的人拉客。受體也是一樣，受體為了滿足擴大空間的需要而大聲吶喊，當分泌的化學物質無法滿足身體所需的量時，大腦就會發出這樣的訊號：「喂！快抽點菸，化學物質不夠了！」戒斷症候群會不斷慫恿抽菸的人，這與被搶走糖果，不知道該怎麼辦而嚎啕大哭的小孩是一樣的原理。

試試今天開始戒菸，我們不再是哭鬧後會耍賴的小孩。被搶走糖果的小孩由於額葉尚未發育完全，無法適當控制邊緣系統；因此，小孩無法調節衝動，但大人不應該如此。因為現在的情況很辛苦，藉由抽菸說不定可以短暫解除壓力，但是長期來看，對額葉造成的影響，必須大徹大悟這樣是無法得到好的結果。當抽菸的慾望高漲時，就活用額葉吧！意志就是額葉的產物，展現決心完成某事的意志力時，額葉可以強化意志力。

無法抑制慾望時，可能會發生的事

無法抑制衝動的話，可能會導致一些問題，我們需要留意大腦健康的原因就在這裡。分析各種事件和事故的話，可以得知都與衝動傾向有著密切的關係；舉例來說，無法抑制性慾而引發的性暴力，無法抑制情緒而導致的暴力行為，無法忍受物慾而出現的竊盜行為，都是因為無法抑制衝動所產生的犯罪行為。⑪

對家庭忠誠的人突然外遇，十分信任的人偷了別人的東西，平時事理分明的人一下子愛與人口舌、起紛爭的行為時常可見。家庭問題和職場問題都是因為無法調節衝動所產生的結果。為什麼會發生這些問題呢？

衝動調節失敗是由於控制情感的額葉失去功能所導致的結果，額葉出現問題的話，傷及他人的可能性就會提高，並非罹患ＡＤＨＤ的人才會出現問題。年幼時遭受父母虐待、出生後額葉先天出現問題、頭部曾遭受輕微外傷，都有可能出現這樣的現象。更重要的問題是，平時無法維持使大腦健康的生活習慣時，無法抑制衝動的機率就會提高，放任衝動行為不加以管控，將失去培養堅持力量所需的基本治療工具。

肥胖的原因

肥胖與衝動調節失敗有相當的關聯性，肥胖與額葉的功能中衝動的管控相關。肥胖最大的原因是無法調節飲食，掃描肥胖患者的大腦會發現，其額葉的活動力低落。二〇〇八年美國《小兒科學期刊》發表了，注意力缺陷過動症的小孩比沒有此症狀小孩的肥胖危險性增加一・五倍；要保持健康的身體，必須守護額葉的健康。⑫如果無法調節衝動，可能會對自己和社會帶來無法挽回的傷害。因此，這不是可以隨便帶過的議題，從現在開始也好，必須更加留意額葉的健康。

邊緣系統是情感的中樞，情感在神經傳導物質的作用下出現，無法調節衝動的原因是比起理性，感性總是走在前面。當理性和感性無法適度調節時，就會導致嚴重的問題，額葉能管控邊緣系統，使理性和感性能調和。

12 不要胡思亂想
——額葉的功能❸情緒管理

原始時代的人類和其他動物沒有什麼不同，只是許多品種的一種。人類位於食物鏈的最底層，會不會被補食，存活下來這件事似乎是最重要的，除了生活和死之外，其他都不重要。遇到獵補者能快速地逃跑，為了生存下去，進行狩獵。看見草叢中移動的物體，能在瞬間判斷要逃跑還是出面迎擊，這種本能的行為透過遺傳基因的傳承，仍然留在我們的血液裡，此種遺傳基因被稱為「生存反應」或「戰鬥——逃跑反應」。⑬

現代人不需再躲避猛獸的威脅或為了飽餐而狩獵，取而代之的是受卡債所苦。為了考上大學而競爭，為了就業而累積學經歷，為了生活繳納稅金和公共事業費而努力工作，只是環境改變了而已，與生存相關的機制都和人類祖先時期無異。如果硬要說有什麼不同的話，過去的生存反應較強烈且短暫，相反地，現在的生存反應較弱且長時間持續，還有就是比起生存反應，更常使用「壓力」這個名詞。

從獵捕者飢餓中解放的人類被情感及心理壓力所困擾著，除了眼前面臨的問題之外，還得擔心未來還未發生的無形壓力。這些壓力並不單純，它沒有明確的來源，是因為像習慣般反覆不斷地擔憂及不安，使得問題發生。

需要穩定不安和擔憂的原因

我經常因為那些未發生的事情陷入不安與擔憂，單純的頭痛也會懷疑是不是腦裡面出現什麼大問題而整天心神不寧，無法專心做事。小孩感冒後整天提心吊膽，以憂心忡忡的眼神觀察小孩的狀況。但往往事後總是虛驚一場，頭不痛了，小孩也全癒了。

相信你也不例外，重要的面試來臨前，你會躺在床上輾轉難眠；苦惱昨天約會的對象如何看待我自己；擔心明天的待辦事項能否順利完成，因而無法入眠。人總是時時刻刻地操煩著還未發生的事。

不安和擔憂變得嚴重時，也可能會留下無法抹滅的傷痛。小時候遭受父母虐待，因大腦異常而引起的焦慮症可能會發展成強迫症。強迫症的問題是因為不安而產生不安，反覆不安的惡性循環則難以停止。

罹患強迫症的患者即使消除了不安或擔憂的因素，還是無法從不安感當中脫離出來，他們仍然會持續地感到不安。他們會為了確認瓦斯開關閥是否關閉，在外出途中返家再次確認，或是根本就足不出戶。最後，因為無法戰勝不安的情緒，選擇走上極端路的人大有人在。當然，強迫症的患者與一般人不安或擔憂的層次不同，這裡要知道的是，大腦帶來的影響力比你想像中的還要更巨大。

必須消除壓力的原因

首先瞭解一下壓力對我們的身體會帶來什麼樣的危害，壓力會啟動自律神經系統。自律神經系統是由中腦的邊緣系統所管控，如同自律字面上的意思，自律神經系統與意志無關，是自然而然地運作。也就是說無意識中存在著自律神經系統，自律神經系統可分為交感神經系統和副交感神經系統，當交感神經系統遇到壓力時，會使神經系統動作。[14]

當引起生存反應時（面臨危機時），交感神經系統會向身體各處傳遞訊號。身體收到交感神經的命令後會立即反應，血壓上升、瞳孔放大，以及使手腳的肌肉充滿力量。但僅使生存所需的部位動作，其他的功能則會停止，這種生存反應是為了存活下來所需的系統。而多虧了交感神經系統迅速地反應，使原始時代的人類在遇到獵捕者時能夠快速地逃跑，讓他們能追趕弱小的動物來當作食物。然後，現在沒有攻擊人類的獵捕者了，自然也不需要為了解決飢餓而進行狩獵了。

交感神經系統的作用無法區分這些威脅生命的對象是獵捕者、還是信用卡繳費通知，僅針對處於危機狀態時，立刻進行反應應對而已。人類承襲了生存反應的遺傳基因，這種遺傳基因經過歲月長時間的演化，藉由堅固打造的迴路而形成一個體系，要從這神經網路脫離並不簡單。

問題是現在我們承受的壓力與過去不同，有時候是無法馬上消除的壓力。因獵捕者而產生的恐懼在脫離獵捕者視野的瞬間，就會消失不見；不過，信用卡繳費延遲的話，在繳清之前，無法擺脫壓力的束縛。一旦壓力持續，交感神經系統繼續動作，會對身體造成壞的影響，遇到壓力後出現的代表性症狀就是消化不良，那是因為原本需要使用在消化上的能量，為了生存反應而被轉移使用，導致無法正常消化，那是因為自律神經系統判斷消除壓力比起消化來說更為重要。

交感神經系統會命令副腎髓質分泌化學物質——腎上腺素，此化學物質會使血壓升高、心臟搏動加快和瞳孔放大；腎上腺素會使身體適度地緊張，因而提高注意力。但是，一旦壓力持續不斷的話，腎上腺素就會過度分泌，導致誘發各種疾病，像是腦中風或是心肌梗塞等血液循環障礙疾病。

副腎髓質除了分泌腎上腺素之外，也分泌壓力賀爾蒙——皮質醇。長期處於受壓力折磨的狀態下，皮質醇會使免疫力降低，誘發免疫相關的各種疾病。⑮像這些問題不用多說，無論從事什麼事，一定會是使你無法堅持下去的原因。

大部分的人不能專注於現在，而是被囚禁在過去；自己所製造出來的不安或擔憂，都是來自於過往的經驗，這樣的經驗會使人預測未來即將發生的事情，而使人變得條件化。像是一聽見鐘聲就流口水——巴夫洛夫的狗一樣，以過去的經驗簡單地預測未來，使交感神經系統動作，當涉及生存反應時，視野就會變狹窄。那麼，就無法專注於現在，只能被囚禁於過去；因此，必須使交感神經系統不能過度動作。管控交感神經系統是只有額葉才能勝任的事，額葉可以使人不被擔憂給籠罩，使人專注於現在，切斷與現在從事的事無關的事情，專注於當下，不受過往束縛，使人往前走。

人們通常對於尚未發生的各種事會感到不安和擔憂，折磨自己，那是因為過去的經驗投射，以此來預測未來。不安和擔憂使得交感神經系統動作，在外部面臨威脅時，為了保護自我，交感神經會無意識地動作。如同藥物濫用會傷害健康，交感神經系統過度動作會使身體罹患其他疾病。額葉可以擺脫因過去經驗所引起的不安與擔憂，使人專注於現在，專注現在從事的事情時，即可拋棄那些無意義的不安與擔憂。

13 展現你的意志

——額葉的功能❹誘發意志與動機

因費尼斯・蓋吉的事故觸發的額葉研究，後演變成額葉切除術。腦科學家們從這兩個案例中發現了一個重要的事實，像蓋吉一樣接受額葉切除術的人們，會失去對生活的目標和意志，變得毫無生氣，失去規劃未來和以堅定的意志力來執行未來計畫的能力。⑯

為了能成功，需要堅持的力量。想要擁有堅持的力量，需要堅強的意志力作為後盾，那麼意志是從哪裡來的呢？考量到額葉損傷的人將會變得毫無生氣，而誘發慾望和動機等堅強意志的地方就是額葉。

那麼，什麼叫做意志？意志分為兩種，「未活用額葉的潛在意識」和「適度活用額葉的意志」。

我們的自由意志管控了所有的行為，要選擇哪個物品？要做什麼事？要吃炸醬麵、還是炒碼麵？在決定這些事情時，都是由自由意志判斷與思考，這個想法到底是否正確？可能需要再想想看。

介紹BBC上播放的六集紀錄片《Brain story》中出現的一個有趣實驗，這個實驗是將實驗對象（主播）的腦連接電極，當他在做選擇時，即可得知腦部如何反應的一個簡單實驗。連接電極的主播注視著螢幕中出現的時鐘，當時鐘中間的指針快速地轉動，主播看著指針，待指針走到時鐘的中間（十二點或六點）時，需快速地按下鍵盤，實驗的結果如何呢？以腦波檢查出來的實驗結果，打破了既定的觀念。

在時鐘指針走到正中間，主播按下鍵盤前，腦波已經出現了電脈衝，甚至還快了兩秒。⑰

神經科學家班傑明．利貝（Benjamin Libet）的實驗中也得到相同的結果，班傑明．利貝相信可以事先判斷實驗對象會使用哪一隻手。利貝將實驗對象的腦與腦波儀連接後，對他們說舉一隻想舉的手，而利貝事先知道他們會舉哪一隻手，那是因為實驗對象在思考要舉哪一隻手之前，腦波已經改變，變化後的腦波影像已經事先傳給了利貝。⑱

在這個實驗中，能得知的有趣事實是在進行選擇、實際行動前，大腦會早一步操控我們；因此，在作決定時，必須要瞭解大腦的功能是多麼的重要，持續研究大腦，才能徹底知道如何活用大腦。

我們深信用自由意志做出選擇的行為，大部分只不過是過去的經驗造成的，選擇炒碼麵的理由是因為過去累積了許多美味的經驗，這樣的經驗無意識地記憶了下來，當面臨選擇的瞬間會被喚醒，這就是所謂潛在意識中的自由意志。深信自己做出了選擇而毫不猶豫的行為，都是無意識搶先一步先做出了決定。

黑猩猩和人類共享了百分之九十九的遺傳基因，諷刺的是僅這百分之一的差異，使人和黑猩猩有著天壤之別。那麼這百分之一的差異是什麼呢？以腦科學來看，可以說是神經元數量的不同。黑猩猩的腦比人類的腦還要小，不同大小的腦意謂著神經元的數量也有差異。不過，人類與黑猩猩最大的重要差異是有沒有意識，黑猩猩也有自由意志，也能選擇自己想吃的東西，可是黑猩猩的行為只不過是以過去的經驗為根據所下的決定，也就是說，是潛在意識中的自由意志。

我們對於下定決心要做到的事，大部分沒有達成的情況比較多。新的一年下定決心——每天要運動二十分鐘、決定要戒菸、為了學好外語，報名了補習班；但是，這些決心很輕易地就煙消雲散了。「明天再做吧！」「今天有點累！」「今天偷懶一天也沒關係！」「對了，今天有重要的約會。」身體內的另一個自我輕易地制服了自己，無意識的自我不斷地慫恿自己重複過去的行為，長久已經建立的穩固神經網路比起重新再次組織構成新的迴路，反而更希望這樣放縱就好，比起強忍著疲憊出門運動，誘導自己選擇休息一天。

真正的自由意志是什麼？那是伴隨著意識的自由意志，在過去的經驗裡展現意志後，進行選擇或是活用額葉，無意識地進行選擇來代替行動，或必須有意識地斷絕習慣的行為，努力以客觀且現實的思考來進行判斷。

必須喚醒真正自由意志的原因

客觀地觀察自己是人類獨具的能力，人類能有意識地觀察自己，明白哪裡錯了。額葉就是進行這種意識行為的中樞，喪失意志和動機的人生是毫無意義的。對於額葉損傷的患者來說，生活就是連續令人厭煩的日常，他們喪失了慾望和動機；沒有目標意識的人類無法做任何事情，只是每天毫無生機地過活的空殼。

我們一天當中大部分都是無意識地過著，早上起床後洗臉刷牙，搭車上班，到了下班時間，再次回到家。無意識地走路，甚至無意識地開車，但我們總是認為有意識地在過日子，很遺憾的是並非如此。無意識行為比有意識行為更加強勢時，並不存在著自由意志；因此，需要努力使自己能有意識地行動，而有意識的行動需藉由額葉來實現，所謂真正的自由意志是指進行具有意識的行為。

想像自己是面試官，眼前坐著兩位最終的候選人，為了從中選出一位，透過各式各樣的提問，再次仔細地、慢慢地翻看履歷，嚴謹地苦惱著，只為了從兩位中選擇一位。這時，根據是否活用額葉，所選擇的人也可能會不一樣。以潛在意識裡的自由意志為基礎來進行選擇的話，這是以過去的經驗來審視面試者，先入為主的印象會遮蔽了意志而進行判斷，做出不正確的決定；但是，面試者如果努力無視於地緣和學緣，以客觀的基準看待，就能提高做出明智判斷的機率。

無論任何事情，想要保持慾望持之以恆的話，需要堅強的意志力作為後盾；慾望容易消失，而堅強的意志可以使慾望持久不懈。然而，意志需要藉由意識來展現，無意識所展現的意志並非真正的意志，只是過去的經驗反覆而成，真正的意志是從額葉所發出的意識。

14 等等，再想一下——額葉的功能❺急躁症管理

額葉損傷的患者中，存在著無法進行時間管理和掌控行動時機的人。⑲他們在思考之前就會行動，無法區分需要挺身而出和退下的時機，造成旁人很大的困擾。因為容易快速對關心的事物執著，使得衝動行事，錯誤百出。比起其他人吃東西更快速，易遭受消化不良折磨，導致腹部肥胖，而額葉具有調節這種心理急躁的功能。

偶爾這種心理急躁可以提升做事情的效率，因為受到關心或好奇心的刺激，可展現出高度的集中力，而創造出驚人的成果。但是，這種集中力無法持久，好奇心冷卻或缺乏新鮮感後，一瞬間會變得毫無生機，使得額葉的活動散漫，因而無法計劃事情或專心從事某事。

急躁症發病的原因是什麼呢？前面曾提到無意識比有意識還更早反應的事實，無意識是過去的經驗一層層慢慢地累積起來，儲存在負責情感的中腦裡，或是在大腦皮質到處分布，直到我們要開始進行某個行動時，才突然跳出來。因為情感總是比想法來得更快，所以才會變得急躁，感受快樂與喜稅的過去情感、經驗會誘發沒有想法的行動。因此，開始從事某事後，想要急於看見成果，就像是麻藥中毒的成癮者，想要快點感受快樂似神仙的快感一般。相反地，如果無法獲得自己想要的情感，會中斷且放棄迅速開始的事情。

額葉越健康，過去的記憶便越是無法浮現。當情感上已中毒的無意識浮現「為什麼遲疑？之前已經感受過了啊！快點行動！」的瞬間，額葉會這樣回覆「等等，再想想看！」

必須使無意識變成有意識的原因

情感在人生中非常重要，悲傷時哭泣，開心時大笑，這些都是正常反應。事情進展不順利，或遇到選擇障礙時，我們會感受到感覺的重要。當那種感受符合期待時，享受喜悅的快感、適時展露的情感能豐富人生；但是，這必須是額葉健康活動的期間才是如此。反覆不良的生活習慣，這種反覆在無意識中重複著，使其變成習慣，那麼，額葉就會失去功能，導致只剩下無意識的反應，有意識變成無意識。

再回想一次前面談論到的「Sonata」這個單字，腦海中浮現什麼圖像呢？可能最先浮現的是某公司特定的汽車品牌。此時，說明「這是音樂類型中一種樂曲形式」的話，你馬上會聯想到的是與音樂相關的奏鳴曲。像這樣我們的大腦總是能切斷既有的連接，創造出新的連接，如你的大腦剛才切斷了與汽車品牌連接的迴路，找到音樂的一種形式，並與這個新迴路連接。如此一來，意識藉由額葉，總是能將我們的關注轉到其他的地方。

但這不意謂著出現急躁的性格，就表示我們的大腦產生問題，我只是比其他人性格急躁而已。如果我的急躁症是大腦損傷所造成，那麼我現在與其在編寫這本書，還不如將這段時間花在去醫院治療。就算如此，也不能認為急躁症沒什麼大不了，因為這不是大腦健康的狀態，然而，重要的是努力使額葉健康。

性格絕大半是來自於遺傳，我們不會只從祖先那邊遺傳到好的基因，他們經過無數次的反覆試驗（Trial and error）後，將結果留在基因中傳承給我們。當某人認知某種不良習慣，開始嘗試改變，一旦歷經反覆改變，終於克服困難成功後，改變後的習慣也會被記憶在遺傳基因裡，該基因之後也會流傳給後代子孫。試想如果你是進行改變和克服障礙的先驅者，那是多麼帥氣與光榮的一件事啊！

性格急躁之人的共通點就是行動會搶先於想法，那是根據過去的情感和經驗的無意識搶先於意識的展現。額葉作為意識的安身之處，功能在於無意識介入之前，調整時間，給予再思考一次的時間。

不，你可以辦得到 15

額葉的功能❻改變負面思考模式

對於額葉出現問題的患者來說，所產生的其中一種症狀就是性格大變。促使打響額葉研究第一炮的費尼斯・蓋吉，原本是性情溫和且深思熟慮的人，但是遭遇事故後，會因為微不足道的小事變得偏激且容易激動，結果因而失去了工作，度過孤苦的晚年。但不只是蓋吉，額葉出現問題的患者都會變得容易激動，且無法抑制怒火。

情感的中樞——邊界系統，一旦過度活躍，在面對一些事情時，比起積極對應，消極對應的機率更高，總是陷入「不可能」、「做不到」、「都是因為我」、「我就是這樣」、「不幸總是離不開我」、「壞事都只發生在我身上」等負面的思考。但是卻沒有負面思考的實例，在不存在的不幸作用下，是無法創造出好的結果的，不可以因為不實際的想像來阻斷自己的方法。

必須根除負面思考的原因

負面思考與誘發不安和擔憂的原因相關，前面曾經提過，因為實現希望渺茫的事情，事先擔憂反而比實際操煩更加劇烈。負面思考最大的問題是並非一次就停止，而是反覆不斷。負面思考持續反覆會帶來其他負面想法的惡性循環，最終招來負面結果。

認為「冬天比較容易感冒」的人和覺得「冬天比較容易感冒的想法是先入為主的，細菌在冬天的活性會變低，只要做好管理，不會有任何問題」的人之間，誰比較容易感冒呢？答案是認為冬天比較容易感冒的人。假設父母其中一位罹患阿茲海默症，認為「爸爸因為罹患阿茲海默症過世，我總有一天也會罹患阿茲海默症」的人和覺得「阿茲海默症不是與遺傳基因有著太大關聯的疾病，只要維持良好的生活習慣，大部分都能安然度過健康的晚年」[20]的人之間，相信能輕易地判斷出誰比較容易罹患阿茲海默症吧！

反覆負面思考的話，大腦所有的迴路都會變成負面的組織，也就是形成負面的神經網路。最後，負面的迴路形成堅固的神經網路且變得無意識，當無意識出現空檔就會搶先於意識表現出來。

負面思考對健康有害，當壞的情緒出現時，身體會自動反應，使自律神經系統中的交感神經系統動作，接著分泌神經傳導物質腎上腺素和皮質醇，使得呼吸變急促、脈膊跳動變快、血壓上升和流手汗。這樣的變化會使腦部受到不良的影響，所以，當負面思考一直持續的話，大腦會無法正常運作。

因此，必須讓額葉保持健康，誘發負面思考的邊緣系統藉由額葉可進行調整。如同前面所說明，根據將注意力放在哪裡，可決定是否能改變固定印象；所以，每當出現負面想法時，活用額葉立即改變成積極的思考吧！當「我不行」這種無意識的想法搶先闖入時，額葉會立刻以「不，你可以辦得到」來反擊。

想像積極且愉快事情的瞬間，大腦也是立即反應，交感神經系統不動作，而副交感神經動作，使得身體變得舒暢。身體漸漸地放鬆、汗液減少、脈膊回復正常、呼吸不急不徐、血流變得順暢，大腦逐漸回歸穩定。

我也曾經被囚禁在負面思考裡度日，像炫耀似地昭告天下自己又更換工作了，每次想起我以前那個樣子，都好想找個老鼠洞鑽進去。適度公正的評判才能打造健康的社會，而毫無意義的固執、先入為主和沒有必要的受害者心態，都不會有任何幫助。萬一負面思考加劇，那些因負面思考而劍拔怒張的箭頭就會轉向別人，所有的過錯都會指向別人，無法意識是因為自己錯誤的習慣所導致，如此一來，變成培養持之以恆習慣的絆腳石，使得往後的人生變得黯淡無光。由此可知，雖然疏忽額葉所產生的所有問題皆會招來嚴重的後果，特別是負面思考所造成的結果，在這裡真真實實地呈現這些證據的目的，只是為了證明為什麼我們需要守護額葉的健康。

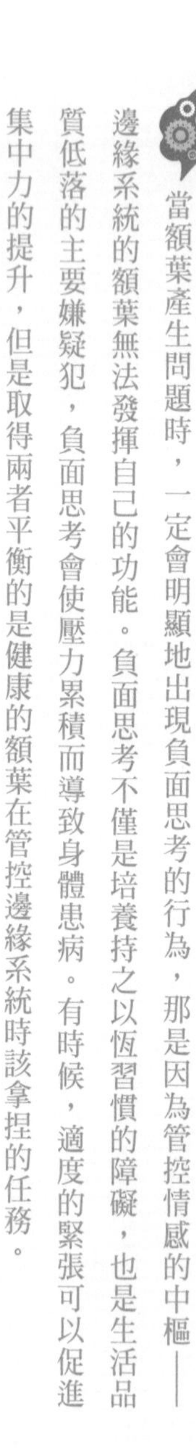

當額葉產生問題時，一定會明顯地出現負面思考的行為，那是因為管控情感的中樞——邊緣系統的額葉無法發揮自己的功能。負面思考不僅是培養持之以恆習慣的障礙，也是生活品質低落的主要嫌疑犯，負面思考會使壓力累積而導致身體患病。有時候，適度的緊張可以促進集中力的提升，但是取得兩者平衡的是健康的額葉在管控邊緣系統時該拿捏的任務。

16 烹調美味料理的前置作業是？

——額葉的功能❼擬定計畫

到目前為止，我們所探討的額葉功能都與額葉的管控能力缺陷相關，額葉的活動力下降、失去管控能力的話，將會無法調節衝動，當想集中專注力的瞬間，反而會變得散漫，無法專心投入。瞎操心和負面思考猖狂，最後，以衝動的行動搞砸事情。不過，額葉的功能不僅是管控而已，接下來談的內容才是額葉本來的功能。

想像一下，準備做料理時，首先想到的是需要什麼材料，接著到超市購買，備好材料，然後再決定先後次序，掌握需巧手處理的材料和之後要使用的材料，料理時才不會亂七八糟的。如某些東西要切小塊一點，而哪些東西可整塊放入、不需要切；火候的大小控制；水量夠不夠；各種食材間是否搭配等問題，應事先在腦海中一一整理。唯有如此，才能做出完整的料理。這與在出發去朋友家前已經在腦海中想好要走哪一條路是一樣的。

額葉是當我們計劃某事情時，一定會經過的核心器官。有趣的事是料理或找路這類計劃性的思考，一開始是有意識，然後漸漸變得無意識，原因是構成大腦的神經元特性。

當我們在學習新的事物時，額葉會活躍地活動，神經元彼此穩固地連接著，形成數以萬計的神經網路。不過，額葉不會消耗很多能量在反覆的事情上，當某種程度熟悉後，額葉聚集的神經組織中一部分會開始專心處理其他事情。㉑額葉將自己的任務下放到下級區域，公司裡的主管分配事情給下屬的過程也發生在大腦，如此一來，學習新的事物時，參與連接的神經元數量就不需要那麼多，只留下少數的神經元，使其他的連接減弱，而剩下的神經元在處理其他事情時，可以再次聚集。

海馬迴和小腦等下級區域將額葉處理完的東西作為長期記憶儲存下來，當出現反覆的行為時，能促使長期記憶更加穩固。因此，料理食物或去朋友家玩等行為，某種程度熟悉後，就不需要抄寫在紙上或是事先在腦中描繪，也能不出錯地順利完成。

我們一整天大部分都是無意識行動的原因在於反覆的行動，使得意識被轉換為長期的記憶，再轉變為無意識的狀態，因此，要記得反覆的無意識行動，久而久之就會變成習慣。為了使額葉活化，每天找尋新的東西以新的方式來行動，比什麼事情都還要重要。

早上一睜開眼睛，習慣馬上拿手機來看的話，現在開始試著簡單的冥想看看。假設在睡前有看電視一個小時的習慣，現在開始不看電視，試試改成閱讀書籍，這樣的改變對額葉來說，是一件非常高興的事。

雖然避免看電視的原因有很多，但最重要的一點是額葉的功能會被麻痺。將看電影時的大腦運作拍攝下來，會發現負責思考和認知的額葉功能活性會變得低落。相反地，為了活化額葉的功能，包含杏仁核的邊緣系統活性變高，少看電視才是正確的選擇。㉒

必須設定目標的原因

為了培養堅持的力量，設定目標是非常重要的一件事情。如果能將目標細分更好，長期目標由許多短期目標彙整而成。一開始將長期目標設得太高，能達成的機率就會相對變低。

前面提到學習新知和擬定計畫是促進額葉健康所必需的活動，那麼，要抓兩隻兔子，需要什麼樣的活動呢？那就是外語學習。身為上班族，學習外語是提高自己價值的好方法。充滿新知的外語能提升額葉的活動力；學習外語時，擬定計畫也是非常重要的。決定一天要背誦幾個單字、如何開始學習文法等，都是提升額葉活動力的好方法；想要擁有健康的額葉，學習外語是一個好的方法。

前面帶各位看了慾望低落的人，他們沒有目標意識，無法專注於某事；由於喪失動機，因此無法往前邁進。設定短期目標，實現目標時所獲得的感動能誘發新的動機，只要保有動機，就能朝著下一個目標前進。

經過計劃後行動的重要性

帶著目標直到達成為止，協助擬定縝密的計畫是額葉原本的功能。自己回想一下平時的生活裡，活用額葉的程度。

面臨考試的學生可以分成兩種類型：得知考試日期當下，擬定計畫並依照計畫按部就班學習的類型，以及考試前一天臨時抱佛腳的類型。第一種類型是徹底活用額葉的情況，第二種類型是沒有好好利用額葉的情況。無論考試的結果如何，擬定計畫後學習的學生能長期記憶學習內容；然而，臨時包佛腳的學生則只是讓學習內容短暫停留在額葉，之後馬上就會消失，因為沒有被儲存下來。臨時抱佛腳的學生每次考試時，都得重新學習才行。

經過計劃的行動可以抑制衝動，能補救那些讓急躁鎮定下來的不合理行動，也可減少疏失，提升做事效率；無論什麼事，提升效率是讓人堅持下去的原動力。額葉使人在情感之前，將無意識行動的習慣改變成有意識的行動，我們承襲了意識的集合體——巨大的額葉。但是，大部分的人生活中都沒有徹底利用這獨特的禮物；當活用「偉大的遺產——額葉」時，便能堅持不懈，向成功更邁進一大步。

額葉的功能中，擬定計畫是我們從額葉那邊收到最大的禮物。馬馬虎虎、隨隨便便過日子的人，就像是將進化後的禮物視為無物般丟棄。因此，無論什麼事情，養成事先計畫後再行動的習慣，並經過計劃後行動是培養堅持力量的踏板。

以熱情和毅力成功的名人們2

將年幼時的夢想實踐的汽車大王——亨利·福特

亨利·福特在年幼與父親搭馬車時，這是他生平第一次看見車子，他看了車子之後，在馬車上全速地奔馳。因為好奇心使然，以年幼的雙眼，將車子一個一個分解來看，這個場面是福特與汽車歷史上第一次相遇。之後，福特領悟到不需要借助馬的力量，也能移動很遠的距離，將整個人生貢獻給了汽車製造。

福特在學業或是農場的事務上不是個有天分的孩子，雖然父親希望他能接手自己的農場事業，但福特卻絲毫沒有接班的想法。比起學業或農場的工作，他更關心機器，後來福特順利在底特津的機器工廠就職，學習蒸汽機。在接到父親過世的消息後，福特再次回到家鄉，雖然接下了農場的工作，以協助修理村子裡故障的農業機具為樂，但對於機器的熱愛絲毫不減。

接著，認為時機成熟的福特不再隱藏自己對於汽車的迷戀，最後就在自家後面倉庫裡打造了製造引擎的工作室，終於在一九八六年時，亨利．福特出示了最初的福特汽車。不過，人們對於他製作出來的福特一號投以冷淡的眼光，可是即便如此，福特一點也不感到喪志，最後排除萬難量產了型號福特T，發射現代汽車的信號彈。

他不僅創造出驚人的業績，更開始大量生產製造系統，投入汽車的設備生產，福特想到的這個方式是銜接工業革命，成為引領世界經濟的原動力。對於小時候看到的車子和機器未曾放棄夢想，堅持到底的福特成為美國最有錢的富豪。他不僅實現了自己的夢想，汽車的普及，對於人類的發展給予了巨大的貢獻。

福特在自傳當中留下了這樣的話：「人在看到別人成功時，認為那是輕而易舉的，但是卻與事實有相當大的距離，因而容易失敗；成功總是困難的，若想要成功的話，不將自己全部投入是辦不到的。」

固執的男人——愛迪生

「天才是百分之一的靈感和百分之九十九的努力」，如同這句話字面上的意思，留下此智理名言的愛迪生是強悍的努力派。愛迪生小時候的學業成績差到連老師都不得不放棄的程度，甚至連他的父親都稱他為「笨蛋」，把他當作弱智兒來對待。不過母親展現了對孩子的信任以及與生俱來的好奇心，直到滿足好奇心之前，多虧了這樣深信不移的信念，愛迪生才能成為歷史上最偉大的發明家。

愛迪生早期的發明其中之一為記錄聲音的留聲機。留聲機是歷經數千、數萬次失敗後才完成的，他第一次用留聲機錄下《瑪麗有隻小羊羔》這首歌。之後，愛迪生專心致力於從未亮過五秒以上的白熾燈泡，他為了開發能長久使用的燈絲，調查了六千種以上的植物，並在世界各地派遣了許多研究員。為了使白絲燈泡普及化，記錄實驗的筆記本足足有三千四百多本。最終，在愛迪生的努力之下，我們才能在夜晚開著電燈，如同白天一樣的生活。

愛迪生六十歲時，為了發明輕巧且使用時間較長的蓄電池，面臨了所有發明中最辛苦的挑戰。那時，愛迪生雖然已失去了聽力，但仍然不輕言放棄。長達十年的時間，進行了五萬次的實驗，最後成功發明了新的蓄電池，完成了裝置在汽車上的電池原型。福特公司製造的福特T就是使用了愛迪生發明的電池。如果沒有愛迪生不放棄的努力，說不定人類的發展會比較緩慢。

近來，編輯許多與成功相關書籍的成功學之父——拿破崙·希爾，他在自己的著作中寫道：「我個人在愛迪生和福特身邊近距離長期觀察的結果，兩個人能夠獲得前所未有成功的主要原因，除了忍耐，沒有別的。如果你想研究如何能成功，最後得到的結論是忍耐、專注、努力及明確的目標，這些是成功的主要原因，那麼你一定能成功。」

第三章

啟動你大腦的成功基因很難嗎？用想的就可以了

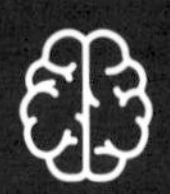 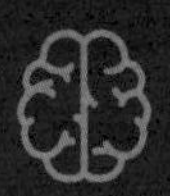 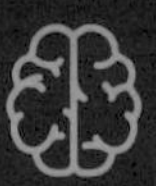

大部分的人都被囚禁在過去生活著，那是因為這樣才能感到安全，但是囚禁於過往的人生無法發生任何改變。為了擺脫過去的人生，不要害怕改變，必須面對挑戰，這件事的核心關鍵在於額葉。人的想法（額葉）能改變一個人的人生，活用額葉、找尋方法，將想要的人生描繪出來。

17 過去讓它過去——箱子裡鎖住的人生

培養堅持的力量需要做的事是改掉長久以來無意識狀態下的壞習慣，在大腦中重新植入新的習慣。前面的部分，我們學到了以大腦裡相互作用的神經元構成為數眾多的神經迴路，但是，形成新的神經迴路比想像中還困難。

人們不斷地重複一樣的想法，將過去的我當作現在的我，無法意識到現在的我與過去的我有什麼不同，無意識地使過去的行動不斷重複的生活著。

拒絕改變錯誤性格或習慣的你，就是在無意識狀態下形成的「傑作」。人們不會輕易接受改變，習慣於已經熟悉的事物，偏好被囚禁在過去的箱子裡過生活，因此，只使用那些遺傳而來的遺傳基因所形成的老舊神經迴路過生活。遺傳而來的老舊神經迴路橫越數個世代，以習慣的名字穩固地連接著，長久以來，形成的習慣難以用意識來接近，在我們不經意時，便會自然而然地表現出來。

人們自然而然地習慣推延必須要做的事，輕易隨便找藉口，比起勤奮，更習慣懶惰；比起設定目標、按照計劃好的生活模式生活，更喜歡找到當下最便利的方式行動；比起深思熟慮，更容易被衝動的情感牽引；比起節儉，更喜歡消費；比起對話，更喜歡爭吵；比起挑戰，更喜歡迴避。如此長久以來形成的習慣非常自然地支配自己，改變只會帶來不方便和厭煩，因而沉浸於長期養成的習性生活著，無法領悟需要改變的理由。

我們現在瞭解了神經元是如何形成神經網路，而重複的行動會建構穩固的神經網路，一旦形成堅固的神經網路後，繼續生活下去，就更難改變了。

必須瓦解這些規範限制自己的無意識連結，形成新的連結才行。幸虧大腦附有彈性，活用額葉可以切斷堅固的連結，形成新的連結；能夠形成更勤奮、更有自制力、更有計畫性、更專注、更活躍的神經網路。如此一來，即使沒有意識到的這些再組織習慣，也能自然而然地表露出來。

活用額葉，改掉過去的習慣，無論何時都能重新出發過新的生活，現在馬上關掉電視，閱讀書籍吧！捨棄原本走的路，試試看走新的路吧！試著積極說出自己的意見吧！即使只有十分鐘，花點時間沉思吧！思考想要過什麼樣的生活、想成為什麼樣的人，記錄在筆記本或便條紙上吧！這樣子的活動不需要花錢，也不需要花費什麼時間，這是為了改變成為更好的人最可靠的方法。

18 泡麵裡出現化妝品味道的原因

——過去的回歸

每個人都依照自己所擁有的經驗來判別事物，舉例來說，英姬是一個獨立的個體，但在同班同學哲秀眼中的英姬與民秀和漢娜眼中的英姬是皆完全不同的，哲秀、民秀、漢娜都是以自己本身經歷的過往記憶與印象來看待英姬，當然各自眼裡所認知的英姬必然不同。

不久前，看到一個電視綜藝節目，演出者與其他組員一起體驗各自想嘗試的事情。A演出者提出想要在大自然裡與組員一起度過一天的願望；他嘴裡說要煮泡麵當中餐後，就將包含山椒等各種藥材丟進泡麵裡，組員們面帶著不安的表情吃了泡麵，有趣的是大家一起吃著用相同材料煮成的食物，但感受到的味道卻截然不同。B演出者想起小時候曾經目睹媽媽用擦保養品的手拿食物出來準備料理，因此表示泡麵裡散發出保養品的味道。而曾經拍過洗髮精廣告的C演出者表示泡麵裡有洗髮精的味道，最後，D演出者想起身為足球選手時曾經使用過酸痛噴霧，因而表示泡麵裡有酸痛貼布的味道。由此可知，對於同一個對象，每個人如何各自解讀，也就是說，人們會藉由自己所經歷過的經驗，根據過去形成的神經網路來認知外界的刺激，進行解讀。

想要與某人更快親近的話，除了找尋彼此的共通點之外，沒有其他更好的方法了。人類對於擁有相同經驗的人更能被吸引，像是畢業於相同的學校、來自相同的故鄉、甚至同歲數的人，彼此更能感受到親切感，那是因為人在重複過去的經驗時，更能感受到安全感。

相反地，人類對於陌生的東西會感到害怕，大腦是根據過去的經驗來判斷的。因此，記憶中不存在的事情，無論是什麼事，由於沒有經驗所形成的神經網路，因而會感到恐懼。人在面臨自己沒有預料到、無法掌控的狀態時，會本能的退縮，變得消極，想要儘快逃避這種情況。這是因為交感神經系統作動的緣故，交感神經系統在遭遇生存危急狀態時，即使沒有意識，也會自動地作出反應。

想像第一次在觀眾面前演說的場景，狂冒手汗，突然肚子痛，緊張到手發抖，迫切地希望時間趕快過去。交感神經系統會抑制額葉，學習、推論、計劃、專注、想像和記憶所需要消耗的能量，只因為受到外部的刺激而本能地進行反應。我們被過去的經驗給團團包圍住，遇到沒有經歷過的事情時會感到彆扭，因此，會出現想回到過去的行為。

強烈的刺激伴隨而來的記憶，能儲存在長期記憶裡的機率較高，因此，人們通常會以過去強烈的記憶為根據來判斷現在且預測未來。我們本身會傾向對於熟悉的環境感到安逸，如此偏好安全的本能，全神專注在生存活動，是遠古時代人類的祖先留在遺傳基因裡的結果。

比起活用額葉，如同人類的祖先們的選擇，我們容易陷入想要活下的誘惑，而現在沒有必要再恐懼陌生的事情，應挑戰新鮮事，追求改變的人生，促使額葉健康。今天開始馬上挑戰新的事物，如報名外語補習班、走走看與昨天不同的路、周末早點起床、去附近公園或泉水邊走一圈，成功的習慣就是從微不足道的小改變開始。

19 離別的痛苦——化學物質裡中毒的人生

額葉會以現在的事為基礎來預測未來的結果，舉例來說，收到信用卡卡費催繳單的瞬間，會流手汗、心裡忐忑不安、身體開始發抖，為什麼會這樣子呢？那是因為我們早已經以直接的經驗知道卡費繳不出來會遭遇的事情，也就是說因為能夠預測未來即將會發生的事，因此，僅看到卡費催繳單也會感覺到十分不安。

我們擁有巨大的額葉，比起其他動物，多虧有巨大的額葉，人類才能更加敏感和敏銳，比人類擁有較小額葉的動物是無法預測未來的，因此，牠們不會擔憂任何事情，而人類會將現在的擔心轉變成未來的不安。額葉無法區分現實與想像，這點就是為什麼單純思考也會引起痛苦的原因。

過去曾經因為某事而感到丟臉的經驗，之後歷經數次反覆相同的經驗，大腦會形成感覺丟臉的神經網路，記憶會伴隨被稱為神經傳導物質的情感化學物質，丟臉就是這種化學物質的產物。因為反覆的羞恥心，接收此種丟臉化學物質的大腦受體會變得又大又發達，因此，每當遇到負面的情況時，就會明顯出現丟臉的情感反應。而即使不是感到丟臉的場合，也會感受到過度的羞恥心，對對方更加強烈地表現出自己的羞恥心，故有時候也不是什麼大事，卻大發雷霆，就是因為這個原因。

一次多量的化學物質為了能被接收，而大量的增加受體的話，會出現敏感化的現象，即使是小的刺激，也會馬上出現反應。過了這個階段，更多的化學物質像瀑布水一般傾瀉下來，當受體達到極限，變得無法繼續接收時，就會關起門來，因而變得愚蠢。就這樣受體會忽略接受刺激，變得更遲鈍，為了做出相同的情緒，需要比之前更多的化學物質參與，從這時開始，感覺（身體）才能管控心理。

任何人在過去的經驗裡都是不自由的，經歷激昂的情緒後，要脫離這樣的經驗變得更加困難。每當從外部的刺激中獲得經驗時，大腦因為分泌特定的化學物質，經驗會伴隨情感。

越重複過去經歷的事，越容易因相同的化學物質而中毒，許多情侶分手時會痛苦難耐的原因，就是因為對愛情的化學物質（情感）中毒所導致。中毒成癮很難戒斷，改變之所以困難的原因，是因為要宣示與情感中毒的過去道別的緣故。

20 唐吉訶德與惡魔島

——用意識清醒

米格爾・德・塞凡提斯（Miguel de Cervantes Saavedra）有名的作品《唐吉訶德》裡展現了兩位人物的鮮明對比，流浪漂泊的兩位人物唐吉訶德和他的侍從桑丘・潘薩（Sancho Panza）找尋荒唐虛幻的烏托邦；如果唐吉訶德是追求理想與浪漫的理想主義者，那麼桑丘・潘薩就是完美的現實主義者。

唐吉訶德和桑丘・潘薩誰才是正常人呢？這個問題太顯而易見，根本不需要思考，人們都認為唐吉訶德是精神病患者，桑丘是正常人。唐吉訶德將風車誤認為惡魔，而衝上前去大幹一場，甚至還攻擊素昧平生的人，把銅製的臉盆當作頭盔戴上，將羊群誤認為敵軍將領而衝上前廝殺，要如何將做出這些古怪行為的唐吉訶德視為正常人呢？

相反地，桑丘擔憂三餐，躲避危險逃亡，渴望安全地回家，算是典型的現實主義者。任誰來看，兩人中都會覺得桑丘是正常人，但是，唐吉訶德年紀大，為了實現自己所認為的理想，踏上了征途。如果是平凡人的話，必定毫不猶豫地果斷去做這些難以想像的行為，謀求新的改變；相反地，桑丘一直想回到過去的自己，一有空閒，就努力嘗試想將唐吉訶德帶回現實世界，看得出來桑丘比起變化，更想要保有安逸的生活。就事實來看，雖然桑丘看起來是正常人的行為，不過，我們在這裡需要仔細看看唐吉訶德的人生。

在這邊先提出第二個問題，兩人之中誰擁有更健康的大腦？對於第一個問題（唐吉訶德和桑丘誰是正常人？）的答案，連小孩子都能輕易的答出，但是，第二個問題卻不簡單。以我們前面學習到的額葉知識，現在可以果斷地回答，答案當然是唐吉訶德。先撇開唐吉訶德所惹出事情的對錯，想要改變的話，再次重申，追求神經元連結後的成功人生，就必須要接受新的挑戰。像桑丘一樣害怕改變或沉浸於過往的鄉愁裡，只會離改變越來越遠。

電影《惡魔島》（一九七三年）裡史提夫・麥昆（Steve McQueen）飾演的巴比龍不斷地嘗試逃獄；相反地，達斯汀・霍夫曼（Dustin Hoffman）飾演的達格（Dega）因為害怕而放棄了越獄。回想電影的最後高潮場面，巴比龍和達格被流放到大海中的一座小島，即便如此，巴比龍仍然為了逃離，不停地研究，十分有耐心，仔細地觀察潮汐潮落後，等到時機成熟，果斷地衝向海裡；而達格比起改變，選擇了安於現狀的生活。

所謂改變是從接受新事物的決心出發，像桑丘和達格害怕新事物的話，是沒有任何改變的可能，你我也都是如此。我們總是安於現狀過日子，情感的化學物質使我們處於中毒狀態，每一瞬間不停地拉扯著我們的腳踝，再次送我們回到過去。人們因為穿著與昨天衣服相似的款式、每天走相同的路、每天遇見一樣的人時而感到安心，就像對麻藥中毒的人對麻藥感到安心一樣，如此地生活著。

處於中毒狀態生活時，額葉根本無法發揮本身的功能，因為無意識狀態下重複的生活並不需要意識中樞——額葉的參與。學習和體驗新事物，以微觀的角度來看，就跟改變遺傳基因一樣；DNA等候我們的選擇，以新經驗來使神經元點火。當點火的神經元的電脈衝喚醒細胞核裡的DNA時，遺傳基因就能發生改變，此遺傳基因意謂著與過去的我不一樣。

試想額葉出現異常時會發生的事情；如額葉出現問題的話，你會變得懶散且毫無生機，變得偏愛單純、簡單的例行日常事務，對任何事情都無法持之以恆。更甚者，日常生活遭受干涉時，情緒就會爆發，以結論來說，額葉無法徹底運作時，人就會活在過去。

我們活用額葉，總是保持清醒的大腦，當真正想要改變時，額葉儘可能地發生變化，使自己的能力總動員來協助，那麼，由此可知，維持額葉健康比什麼事都還重要。

21 帕夫洛娃的狗流口水的原因
——養成良好習慣的方法

先瞭解一下著名的「帕夫洛娃的狗」的實驗，這是帕夫洛娃對狗進行了有趣的實驗。一開始只是先讓狗聽見鐘的聲音，然後觀察狗的反應，而狗沒有做出任何反應；第二次在沒有搖鐘的情況下供給狗食，狗一邊流著口水，一邊嘴饞地啃食著；第三次伴隨著間隔的鐘聲給予食物，接下來一陣子都持續這樣的模式；最後，再搖一次鐘聲，一開始狗對於鐘聲沒有任何反應，但過了一陣子，開始流口水。帕夫洛娃結合鐘聲和食物，使條件化，這就是被稱為「古典制約（Classical conditioning）」的帕夫洛娃實驗。

將這個實驗帶入我們的生活，我們也是反覆過去的經驗，讓自己條件化。昨天做的行為今天反覆進行，對於過去的經驗感到無意識化，讓自己對於外部的刺激自動進行反應而條件化。

如前面所談，人們不是都是有意識地進行任何行為，大部分的行為都是在無意識的情況下發生，這是因為我們經歷的過去記憶搶先在意識之前出現。我們記憶過去做過的行為，在需要時將記憶釋放，以此記憶為基礎來進行選擇和行動。我們誤以為是有意識的原因，是無意識在一眨眼的瞬間先採取了行動，我們記不得這個過程，在無意識消失後，很晚才意會到最後的結果。

在學習新知時，一開始是伴隨著意識，也就是說額葉在很活躍的狀態下開始活動，然而經過反覆地學習，等到熟悉新事物的瞬間，額葉就會開始逐漸地抽身。習得的經驗就會被轉到像是海馬或小腦的其他下屬區域，以長期記憶儲存，這區域與無意識相關。

剛開始學習開車時，人們使用額葉來學習，發動汽車、操作換檔和腳踏油門等，每一項都全神貫注地學習；此時，大腦裡正在形成由新的神經元所組成的神經網路，經過一段時間反覆的駕車練習，額葉將自己的角色轉給了小腦負責，就這樣關於開車的知識就被無意識地儲存下來。往後，開車的行為就在無意識的情況下發生，我們認為很多具有意識行為的事情，其實大部分都是無意識狀態下發生的。

將一件事學習到完全熟悉，就如同將具有意識的狀態轉變成無意識狀態。這當中隱含著很重要的含意，壞習慣是因為反覆不好的行為而變得無意識化，使自己的一部分僵化。

那麼，養成好習慣的原理也是如此嗎？重複正確的行為，變成習慣後，會發生什麼事呢？這樣就能不再重複過去錯誤的習慣，而會切斷壞習慣的迴路，反覆訓練我們理想的新習慣，將新的迴路變成長期記憶，進而變成無意識化的行為，如此一來，就能培養我們追求的堅持力量。

22 單憑想法也可能會死亡
——大腦具備的無限可能性

現在我們必須切斷長期以來養成的壞習慣迴路，但是要將長久連接堅固的迴路，即對情感的化學物質中毒的過去記憶切斷，是非常困難的一件事。著名的心理學家羅伯特．阿德爾（Robert Ader）博士，透過實驗證實了與上述一樣的事實。

阿德爾博士將引起胃痛的藥加在糖水中給實驗用的老鼠服用，預測喝了糖水的老鼠會將糖水和胃痛條件化，經一陣子之後遠離糖水，並觀察老鼠們會遠離糖水多久。但是喝了糖水的老鼠一個一個接著死去，那是因為實驗中使用的胃痛藥裡含有使免疫系統惡化的成分，這是連阿德爾博士也不知道的事情，免疫力下降的老鼠們因為細菌感染開始接連死亡。

之後，阿德爾博士再次餵食糖水給那些存活下來的老鼠，這次沒有加入會使免疫力惡化的胃痛藥，但是老鼠還是相繼地死亡。如同帕夫洛娃的狗將鐘聲和美食連結般，老鼠們也將糖水和死亡連結，結果這些老鼠們單憑想法就死了❶。

像這樣，過去的記憶影響現在的程度是多麼地巨大，加上過去的經驗如果越強烈，要從那裡面跳脫出來是多麼地艱難。不過，只要徹底瞭解了大腦是如何運作的話，無論是多麼堅固的連結都能輕易地切斷。

從羅伯特．阿德爾博士的實驗中可以得知的是，活老鼠也會因為沒有加入胃痛藥的糖水而招來死亡，這是因為單純想著過去的經驗而將之現實化，問題的關鍵在於有什麼樣的想法，這是一件相當重要的事情。

如同感受到截肢手臂的疼痛，可以透過想像來治療，將想像變成現實的事情是完全可能的。因此結論是隨著想法（選擇）的不同，人生也會完全不一樣。

我們的大腦具備無限的可能，大腦不是固定不變的，它是一個什麼都可能的彈性世界。其中，額葉是打開可能性大門的密祕鑰匙；因此，好好地活用額葉的話，無論是鎖得多麼牢固的門都可以打開。

23 女人比男人智力較低？——想法對行動的影響力

醫學是最早意識到想法能支配身體且活用此事實的領域；俗話說「一句話可還千兩債」，醫生們的每一句話對患者來說，都是舉足輕重般的存在。接下來讓我們看看驗證此說法的案例。

有一位長期罹患憂鬱症的患者，他服用了市面上所有的藥物，但卻不見任何的效果。某天，醫生勸患者服用臨床實驗用藥，更強調此新藥比目前的藥物都還要有效，最後，患者相信醫生的話開始服用，沒多久的時間，患者的憂鬱症竟然痊癒了。

另一位以此新藥作為處方的患者，在感受到與情人離別的苦痛後下定決心自殺，將藥一次服用下去，但患者不久馬上意識到自己快要死掉，而對於自己的行為後悔不已，患者緊急地趕往醫院。抵達醫院的患者心臟就像馬上要停止跳動般搏動，患者一邊冒著冷汗，一邊哀求醫生救救他。但是不知什麼原因，檢查的結果沒有發現任何異常，這位患者的身體非常正常❷。老實說，兩人服用的藥物是對身體完全沒有任何傷害的假藥，全是因為患者們毫無疑問地聽信了醫生的話，才導致沒有任何效果的藥發揮了藥效。

此案例中第一位患者深信醫生開的處方藥可以讓身體回復健康，此種信任在現實中帶來好的結果：而第二位患者也是如此，相信新藥可以做為憂鬱症的治療藥物，將那些藥一次全部服用下去，以為說不定會死掉，一個人的想法會影響現在的自己。

從兩人的案例可以得知，單憑想法就能決定人生與死亡的驚人事實。再次強調，大腦是無法區分想像和現實的；因此，大腦光憑想像也會分泌化學物質，生物系統會根據大腦的命令行事。

加勒福尼亞大學的喬恩．萊文（Jon Levine）博士將這個現象使用在治療自己的患者身上並得到證實；他開立假的止痛藥給患者，最後患者表示疼痛真的消失了。萊文博士為了想知道抑制疼痛的腦內啡是否真的會分泌，因此這次也一起開立了切斷腦內啡受體的藥物，果不其然，患者再次感受到疼痛。藉由這次研究結果可以得知的事實是單憑想法也會使化學物質分泌，證實了單純想法也能改變身體。❸

我也曾經有過那樣的經驗，患有嚴重頭痛的我經常服用止痛藥，然後頭痛的症狀就會緩解、消失。某天起床後，頭痛再次找上門，我馬上服用了經常吃的止痛藥，和平時一樣，頭痛症狀解除了，但是後來才發現，原來我平時服用的藥物根本是一點效果也沒有的止痛藥，老婆在不知情的情況下，將兩種藥物都放入藥桶裡。

在這裡再介紹一個有趣的研究結果，那是加拿大某個研究團隊發表的一個研究結果，他們將「女學生比男學生的智力還要低」的事實用科學的角度來說明此假報告給女學生們聽，有些女學生認為「女學生比男學生智力低的原因那是因為受到了差別教育的緣故」，有些女學生則是完全接受了假報告的說法，而這些接受假報告說法的女學生們的成績反而更差。[4]

想法對行為的影響力比我們想像的還要更強烈，天性樂觀的人即使處於不利的情況，也能積極正面，努力導出好的結果；而天性悲觀的人就算處於有利的情況，也無法導出好的結果。想法未及的地方就是你活的世界，至於要建構什麼樣的世界，完全取決於你的想法。

24 撰寫觀察日記

——使無意識變有意識

為了改掉壞習慣，必須有意識地培養好習慣之後，再轉換成無意識下的行為，這在前面已經提過。要做到上述事項，首先必須讓自己客觀化，用客觀的觀察意識自己。

客觀地意識認知自己不是一件容易的事情，如同前面已經強調過的。由於我們日常生活中，大部分的行為是無意識的習慣所構成，現在我們要將無意識的世界拖往有意識的世界後，進行再次調整，接著就讓我們來看看這個過程。

觀察自己最好的方法就是寫日記，記下今天整天做了些什麼？重要的是依據時間段仔細地記錄下來，儘可能地集中精神，將細部事項記錄下來。回想走路時無意間做的所有行為，這樣的過程就是將無意識變成有意識的過程。

接下來，是A這個人的一天日常生活：早上七點三十分起床，A簡單地吃了早餐，洗了個澡後，到圖書館讀書或學習，接著用減肥餐解決中餐，再讀書一陣子之後，便到英語補習班上課。課程結束後，在回家的路上，接到朋友邀約一起吃飯，便急忙的趕去赴約，回到家後，洗完澡就睡覺了。我們記憶中的一天就像這樣，是許多做了什麼的片段集合起來的，而A的日常裡一定有像「找尋隱藏的圖像」般，躲藏著無意識的行為，無意識多麼無所不用其極地想讓自己回到過去，因此必須帶著意識集中專注力地回想。

我們再次回顧A的日常生活，A在七點三十分起床，可是在前一天晚上，A已經下定決心從隔天開始要稍微早起，開始新的一天，因而將鬧鐘往前調整到六點三十分，但是，當他睜開眼睛時，已經是七點了。A覺得既然已經晚了三十分鐘，不如再睡個三十分鐘，因此又縮回去被窩裡。吃完早餐後，A本來想要晨跑，可是天氣突然變冷，索性直接省略。洗完澡後，馬上前往圖書館的A以減肥便當作為中餐，但在自己準備的餐點裡，還是放了一小塊昨天吃剩下的蛋糕。最後在A結束英語補習班課程回家的路上，決定與朋友一起去吃晚餐，不過事實上，那天是A下定決心要讓身體變得更健康，要去報名瑜伽的日子。

A高喊「再三十分鐘」、推延晨跑、受不了蛋糕的誘惑等疏忽健康的原因是什麼呢？這就是反覆的經驗所形成的神經網路支配了A的緣故，比起改變，更偏愛現實的過去無意識發動後的結果。

情感的大腦經常這樣催眠自己「照原本那樣做就行了！」、「吃了蛋糕心情會變好啊！」、「明天再做也是可以的！」像這樣，大腦每分每秒不斷在耳邊耳語。

我也是如此，現在正在寫這本書的同時，也跟無意識在抗爭著，我抗爭的無意識是NBA（美國職業藍球賽）的直播，我恨不得馬上停止寫作，跑到電視前收看，我的無意識使我收看喜愛的籃球比賽直播所獲得的情感化學物質持續不斷地分泌。

寫作時湧現靈感的瞬間稍縱即逝，因為我寫作的時候都是全神貫注，但是收看NBA比賽直播時感受到激情的化學物質，已經深深中毒而無法自拔了。情感中毒要戒斷是非常困難的一件事情，而無意識將我的大腦作為人質，繼續分必激情的未來化學物質，不斷地將我推回過去的狀態。

相同的道理，A腦袋在沒有想法的狀態下所做的行為也是無意識所造成的結果，你也像我跟A一樣無法認知到此事實，每天過日子。不過，人類必須追求改變，努力提早三十分鐘起床、努力起來晨跑、調整菜單、做瑜伽，努力讓身體健康。雖然人類被過去的經驗給綁架了，卻是唯一努力嘗試改變的動物，那麼這股努力的動力是從何而來呢？

沒錯，就是從額葉來的。不放棄改變，持續給予堅持的力量，這是從健康的額葉所得到的力量。回顧一天裡做了多少無意識行為，以意識來認知也是因為有額葉才能辦到的事。

現在不能僅依靠生存反應，要不斷嘗試回到過去；天氣冷會捲曲身體、看見美食難以抗拒的行為，並非是我們渴望的生活。從祖先那傳承的生存反應現在更不需要了，那是因為環境和時代已經改變了，現在果斷地脫離過去的遺傳基因吧！

嘗試新體驗，大腦會重新形成新的神經網路，改變基因的排列組合，這個新的蛋白質無論何時都能重生出新的自己，而自己也能將這新的遺傳基因傳承給後代。

25 將想像變成現實——畫出鮮明的圖像

徹底回顧自己，從現在開始必須遠離以情感做出反應的過往；到目前為止，如果一路受到環境所給予的刺激控制，從現在開始我們必須改變環境。想要改變的話，你必須不斷嘗試才行，透過這樣找尋的方法，決定最適合自己的方式。

為了早上能早點起床，能夠執行的方法有很多，如早點入睡、購買新的鬧鐘、點精油、睡前遠離刺激性圖像等資訊、睡前進行半身浴放鬆等，在眾多方法中找到適合自己的方式。因反覆的日常生活使得神經網路固化，固化的神經網路不停誘惑著我們，這樣無法使堅固連接著神經元形成新的連結，只是使用著已經形成的迴路。所謂改變是指再次建構大腦的神經元，切斷現在的連結，再次形成新的路徑，因此，改變是一件非常困難的事情。

理解了赫布的理論——「不使用就會消失」後，為了創造新的神經元，必須不使用已經固化的神經元。在嘗試改變時，宣示與無意識狀態下呈現的日常時，目前使用的神經元便開始生鏽，慢慢地消逝不見，讓年輕的新鮮神經元重新佔領那個位置。

想要讓自己重生的話，必須離開過去的自己，為了達到目的，必須具有堅強的意志，而此堅強的意志就是從額葉而來。前面提到額葉出現問題的人會變得毫無生氣對吧？！毫無生氣的意思是無論做什麼事情，都缺乏明確的動機與目的意識。我們在實踐意志時，有沒有明確的目的意識是非常重要的關鍵。沒有目的的人生是空虛的，停留於現實且以過去的生存反應過活的原因，全是因為沒有明確擬定人生目的。對過去的祖先來說，飲食維生是人生的唯一目的，然而現在與過去的叢林是不一樣的世界，因此，我們必須保有明確的目的意識生活才行。

那麼要如何設定目的呢？什麼才能稱為目標呢？重要的是擬定目標，努力朝著目標前進，達成目標的瞬間，想像完成什麼了，這才是最重要的。當你實現目標時，這些努力完成的成就會讓你現在做的事情產生慾望與動力。

想想看，現在馬上對你來說，不足的是什麼？接著想一想克服那些不足的自己，腦海中出現什麼畫面了嗎？假設你正在學習外語，但是有時候你的過去誘惑你自己回到過去，使得一開始下定的決心開始動搖，越是如此，更要想像堅定意念，努力完成外語學習的未來模樣。

厭倦職場生活的你，能想像到的畫面有哪些？想像忍受著痛苦，挺過來時獲得的補償十分多樣，「苦盡甘來」，即是公司對於你辛苦的忍耐及付出可能以升職的手段作為報答，給予你的禮物。年紀或能承擔公司的重要職務，說不定也有機會繼承公司，或是以職場生活的經驗為基礎，自行創業。隨著事業規模逐漸變大，說不定能成長為首屈一指的大企業。

動物中，人類是唯一能預測和對應未來，這是神給予的禮物；因此，在從事某事時，擬定目標，想像明確的補償，朝向目標，意志堅定，就能不中途放棄，努力前進。

運動選手除了身體的訓練外，同時強調精神訓練的原因是相信信念的力量。比賽前，選手只有自己的意志，用其他的話來說明的話，就是「自我催眠」。選手們都瞭解清楚浮現勝利模樣的瞬間，就更接近勝利一步。❺

鮮明的想像能活化額葉，所以我們光憑想像能讓額葉運作，提高額葉的功能，也就是說打造想法支配情感的良性循環，就能切斷因過去情感而被無意識給支配的惡循環。額葉在我們展露出集中意志的瞬間，能切斷從大腦的其他情感領域接收的刺激而提高專注力，因此，為了將想像變成現實，必須積極活用額葉。

26 時間已經過了這麼久——活用額葉

那麼，額葉在改善我們習慣的同時，是以何種方式參與呢？研究大腦掃描影像的學者們發現，額葉的活動力變遲頓的話，會變得容易衝動及出現情緒化的行為。❻

人們都是重複大部分的日常生活，在既定的情感中毒狀態下生活，本能的想法：例如要吃什麼？要在哪裡睡覺？要穿什麼衣服？聚焦於食衣住行育樂，只關心生存反應相關的行為過日子，只對生存相關的事情進行反應。如此一來，額葉的活動力就會稍微開始低落，重複無意義的日常就與放任額葉不管沒什麼兩樣。

相反地，當腦中進行富有發展性的想法時，就能提高額葉的活動力。思考「往後該如何過日子？為了能更有發展，現在做的事對我會產生什麼影響？」的話，額葉就能更活躍地運轉。再者，為了不陷入過去的情感經驗，浮現失敗的模樣，使「現在的我」和「過去的我」不互相連結，額葉在此幫助我們只感受現在的我。

參與越戰的軍人們長期深受戰爭的創傷折磨，美國政府謹慎思考這些退役軍人因為創傷的陰影而造成無法適應社會、需要與社會隔絕的問題。席維斯・史特龍（Sylvester Stallone）主演的電影《第一滴血》系列，不單純只是動作電影，會被大家認為是動作電影的原因是從《第一滴血2》開始，電影企劃意圖改變。《第一滴血1》描寫的是因為創傷陰影而無法適應社會的參戰軍人。

歷經戰爭創傷陰影的軍人，問題出在精神上，因此，比起藥物治療，他們更需要先進行精神治療。精神科醫師班傑明・賽門（Benjamin Simon）試圖對軍醫官時期的他們進行催眠治療，並觀察他們處於催眠狀態或冥想狀態時所呈現的腦波，發現其額葉的活動力極強，此狀態時能提升專注力。催眠以專注力為基礎，使其想法的模式改變來改善患者的狀態，也就是說額葉能使過去被遺忘，更專注於現在。

班傑明・賽門成功地以催眠治療法來治癒因戰爭出現精神及肉體創傷陰影的軍人，此後，開啟活用催眠治療法來醫治罹患精神疾病的患者。❼

在觀賞喜歡的電影時、或為了準備托福考試聆聽英語課程時，皆會使額葉活化。額葉能切斷其他感覺受器接受的訊息，使專注力集中在某處。透過視覺訊息、共感刺激、運動感覺和邊緣界，切斷想回到過去的衝動。

額葉執行這種功能的理由是，額葉與腦的其他器官像是中腦、杏仁核、基底核、下視丘、海馬迴和腦幹等直接連接；換句話說，額葉算是「腦的指揮塔」。[8]我們偶爾會喃喃自語：「時間已經過了這麼久了！」、「不知道時間過得這麼快」，這種時間失真的感受，就是因為額葉驚人的能力所產生的。

以額葉這種驚人的能力對未來進行補償或是給予期待，可以藉此改變身體的話，會變得如何呢？再次強調，實現某事時所感受的情感，如果能以豐富的想像事先感受的話，會發生什麼事呢？

期待某事情的瞬間，額葉會開始建構符合構成要件的網路，切斷不相關的感覺及更活化相關的感覺。根據此網路，事先體驗還未經歷的未來，此種經驗會因為化學物質而烙印得更加鮮明，而此化學物質是藉由遺傳基因產生新的蛋白質，使自己的身體往自己想要的方向形成。

27 感受情緒波動——再次感受

前面說明了情感受到某種刺激介入時，容易被記憶儲存下來，經驗轉換成記憶的機制可簡單分成兩種；一種是受到外部的刺激而輸入的經驗，另一種是透過知識的學習而獲得的經驗。受到外部刺激而輸入的經驗，大部分會伴隨某種感受，例如對於交通事故的恐懼感及對於分離的悲傷感、觀看運動比賽時伴隨的刺激感，像這樣受到外部刺激而體驗某事時，一定會伴隨著某種情感，當此種感受越強烈，越容易且快速地變成記憶儲存下來。

相反地，透過知識的學習而獲得的經驗不伴隨情感，僅以實踐的方式烙印後，初次將知識或資訊以短期記憶的方式儲存下來，之後經過反覆的實踐，轉換成長期的記憶，因此，以知識獲得的經驗需要一點時間，現在的你一邊閱讀這本書，額葉也一邊學習知識，但是僅是學習而不去實踐的話，這些知識只會短暫以短期記憶的方式停留，之後就消失不見。因此，為了將此書學習到的內容長期記憶下來，必須反覆地閱讀，並按部就班地實踐才行。

簡單的說，目擊衝擊的場面時所獲得的經驗比起學習知識所獲得的經驗，更容易被快速記憶儲存下來，因此，想像在實現某事後的模樣，需要再次感受相同的情感，因為無論我們想像什麼，情感會使我們更歷歷在目。

K對於任何小事會經常的發脾氣，這種性格使得他的人際關係不怎麼好，更別說是社交生活關係，他也處理得很不好，連最親近的家人也變成最遙遠的關係。K認知到不能再這樣繼續下去，下定決心要改掉因小事而敏感做出反應的壞習慣。首先，他客觀地觀察自己，因為他知道要先找到發脾氣的根本原因，才能改掉這個壞習慣。他發揮專注力觀察自己後，發現平時的自己不太微笑，找到原因的K為了能夠經常展現笑容，馬上付諸行動，他開始每天準時收看搞笑的喜劇節目，然後拋棄任何負面的想法，積極正面思考，每天想像自己是正向思考的人，對待他人也積極友善，想知道這樣會發生什麼事情。

K不斷地重複這兩個原則，之後每當與人有約的日子，他就會想起他看過的搞笑喜劇，不停的在腦海中對著自己說，自己是積極、正向思考的人。無論碰面的人是誰，在見到那個人之前就先開始微笑。當他一笑，腦部就開始分泌腦內啡和催產素。腦內啡雖然是減緩疼痛的化學物質，卻也是微笑時分泌的化學物質；催產素可以切斷杏仁核所掌管的不安與擔憂的受體，使人感受愛及充滿愛意的化學物質。[9]

現在K以和善的情感待人，已經歷要保持心情愉悅地去面對與自己見面的對象，無論對方是誰，自己已經不再會隨便的亂發脾氣，現在的K正過著成功的人生。

當然，這裡談到的K不是實際存在的人物，不過，K可能是我，也可能是你，想像達成成就時，伴隨著情感，想要的未來更會以清晰的現實一步步靠近，千萬不要忘了這一點。

28 和李鳳柱成為一體

——新增圖像

從這裡，繼續往前邁進一步吧！比起一開始茫然的想法，什麼都沒有的狀態，想想那些已經實現自我所追求目標的那些人，將能夠更快速地達成你所追求的目標。在你的想像裡增加一些具體的圖像，可以獲得更多的資訊，效果會更加的顯著。

想要改掉薄弱的意志力，不妨先設定一位可以效仿的模範，無論是藝人或是偉人都可以，亦或是親人及親近的友人也都可以。

想想受到整個大韓民國國民喜愛的馬拉松選手李鳳柱，在你想起李鳳柱選手的瞬間，腦中應會出現鮮明的李鳳柱長相；現在想想李鳳柱選手在比賽前進行訓練的模樣，他的臉上皺起了眉，也會因為力竭而累倒，但即便如此，他仍然繼續狂奔，為了國家與國民，向我們傳遞出勢必將金牌掛在脖子上的強烈意志力。比賽當日，想像李鳳柱選手忍著疼痛奔跑的模樣，他的喘息聲和每一滴汗水、忍受口渴的樣子，還有爬坡時痛苦不堪的樣子，以及通過最後決勝點時，令人感動的樣子，試著一起感受李鳳柱選手所感受的激情。過一會兒，李鳳柱選手站上頒獎台最高的位置，帶著高興的淚水，享受獎牌掛在脖子上的感覺，想想這一整個過程，你的情感也會隨之高潮。

如果沒有跑過馬拉松，自己親自嘗試一下也不是件壞事。馬拉松可以鍛鍊意志力，也可以親自感受李鳳柱選手經歷的激情化學物質。不過，就算沒有經驗，也不必失望，因為即使與李鳳柱選手所經歷的快感完全不同，只靠鮮明的想像也能發揮大腦的可塑性，製造出僅次於李鳳柱選手所感受到的歡喜的化學物質。

現在你奢求的意志力輕易地提升了一層，那是因為你單憑想像將未來的結果植入腦袋，用圖像進行的想像如同上面的說明一樣，若能自然而然地共享情感，效果將會更加顯著。

不只是改善精神時能活用圖像，在治療身體不適時，過去的圖像也會有幫助。當腿受傷時，想想以前健康的腿，也可以想像在運動場上奮力奔馳的樣子，亦或者是想像在海灘上奔跑的樣子，儘可能的想起留存在記憶的瞬間，反覆當時感受到的情感，則更能使想法鮮明，而這樣鮮明的能量可以傳遞到疼痛的雙腳。

現在假設回復了，想像過去讓你情緒激昂的時刻，使出全力奔跑的樣子，感受愉快的心情，專注追求的圖像，栩栩如生刻畫的練習與治療並行，就能快速地回復。

以熱情和毅力成功的名人們3

戰勝貧窮和嘲笑的偉大昆蟲學者——法布爾

以《法布爾的昆蟲記》廣為知名的尚・亨利・卡西米爾・法布爾（Jean-Henri Casimir Fabre），出生於非常貧困的農家。當時法布爾連小孩子最普遍常見的玩具都不曾擁有及玩過，但是法布爾卻與大自然十分契合。從那時候開始，法布爾對昆蟲出現好奇，受到家貧的羈絆，白天幫忙家務，晚上努力求知，最後成為一位小學老師。

法布爾在成為教師之後，持續對大自然保持高度的好奇，最後下定決心將自己的一生貢獻給昆蟲學。但是，一個成人為了抓昆蟲，撥開樹叢追逐、玩弄著辛苦抓來的昆蟲，沒有一個人給予好眼色看待。有些人認為法布爾是瘋子，甚至因為他為女性開課講解昆蟲而遭來忌妒，導致失去教職，不過，法布爾一點也不屈服於旁人的偏見與仇視，繼續自己的研究工作。

最後，法布爾完成了十冊昆蟲記，這些書收錄了他三十多年來對昆蟲的所有研究，截至目前為止，與昆蟲相關的研究資料或書籍中，沒有一本能超越《法布爾的昆蟲記》，顯示此書的完成度非常高。完成十冊書籍時，法布爾已經八十四歲了，戰勝許多現實的逼迫，他仍持續振筆直書，完成的昆蟲記直到現在，被推崇為昆蟲學之父。

可惜的是，法布爾受到世人的認可時，已經是他的晚年。法蘭西學術院直到他死的時候，仍然未接受他成為會員。可以讓法布爾停止對昆蟲熱愛的不是極貧困時來自周圍的猜忌，或是幼時的嫉妒與飢寒逼迫，唯一能將法布爾與昆蟲分開的方法便是死亡。法布爾活到了九十一歲時，才放下對昆蟲的熱情。他對於自己喜愛的東西所展現那持之以恆的熱情與執著，如同他撰寫的書籍一般，是非常重要的，我們千萬不能忘記這個事實。

以熱情和毅力將人類從疾病中拯救出來——路易・巴斯德（Louis Pasteur）

於平凡的鄉下家庭長大的巴斯德雖然並不聰明，但以特有的緩慢性格和觀察力，執著於自己好奇的事物。巴斯德不知疲倦的專注力，日後以持續不斷的實驗，成為具備發掘自我的研究員資質最大的原動力。巴斯德雖然以乳製品的名字廣為人知，事實上，他是將人類從疾病中拯救出來的歷史性人物。

巴斯德以發酵相關的研究在此領域樹立基礎理論，扶植法國搖搖欲墜的葡萄酒產業，他還以實驗推翻了原本自然發生的細菌生成理論。巴斯德發現，細菌不是自己生長出來，而是與空氣中存在的菌接觸後生成的。以此事實為基礎，巴斯德提出了破壞細菌的巴氏滅菌法，開創了使產品不腐敗、能長期保存的道路。巴斯德即使罹患了腦出血、身體會一部分麻痺的致命疾患，在炭疽病疫苗實驗上的成功，到現在仍然活用在各種疾病的預防上，巴斯德成為疫苗接種的先驅者。

一八八五年，巴斯德創立了以預防和治療狂犬病為目的的研究所，並在死之前，盡責地扮演好研究所的所長。一生獻身給微生物實驗的巴斯德與法布爾相反，活在世上時，享受了無數的榮譽。他以熱情、努力和毅力武裝成科學家，也因此成為一位對人類發展有著巨大貢獻的偉大科學家，永遠留名。巴斯德生前留下了──「我唯一的優點就是毅力」這句話。

第四章

你無法堅持、缺乏恆心，真的是生理原因嗎？

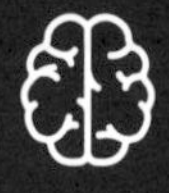
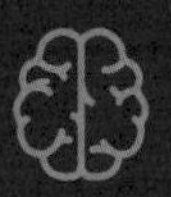
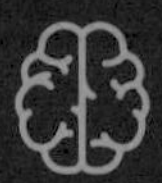

試著站在培養堅持力量的出發點看看，這樣的開始才能客觀地觀察自己，找到真正的原因，知道真正的原因後，改變就變得相對簡單多了。

29 到底我的問題是什麼？——先客觀地窺探自己

無論你是上班族，或是自行創業，抑或是學生，若要能徹底發揮自己本身的能力，向別人證明自己的能力，則一定要有耐心，堅持到底的好好展現出來。從現在開始，將談論關於能堅持到底的方法。

首先，我們來看看會防礙培養堅持力量的障礙物有哪些？而在這之前，請你先回顧一下自己，我自己也是因為研究堅持的力量，如站在鏡子前面，仔細地觀察自己，為什麼我總是堅持不了？為什麼無論做什麼，我總是馬上就放棄，不斷地重複失敗呢？在我跟朋友見面後，我徹底領悟到問題究竟出在哪裡了，之後深入研究，為了找尋解答而努力不懈。

正在閱讀此書的你，希望你能先好好地觀察自己，為了改掉壞習慣，最先要做的事情就是客觀地觀察自己。你一定也像我一樣，沒有意識到這是個問題，因而才會做出這些行為。你必須冷靜思考這些習慣到底是如何養成的，仔細地觀察自己，當開始看見問題點之後，你就已經成功一半了。

現在談論的習慣雖然是從我的經驗而來，但我相信一定是大部分的人都能有同感的內容。萬一這些習慣，你一個都沒有的話，你就可以把此書闔上，恭禧你，你無疑是位成功的人士。但是，要是中了其中一項，就請你仔細地從頭到尾閱讀此書，並且逐一實踐它。一點也不遙遠，你必定能與成功人士併肩前進，那麼，現在深吸一口氣，出發了。

試著將你的一天寫成日記記錄下來，留心地觀察你想改掉的習慣出現的頻率，在一天的結尾時，將它們記錄在筆記上。

30 性格急躁也太急躁了

——性格急躁的人很難展現長期的成果

第一次發現我說話速度快是在我小學的時候，那時正是掀起中東建築熱潮的時期，為了賺錢，準備前往遙遠他國的父親，他將母親、哥哥、還有我的聲音錄在錄音帶裡，以作為與家人長期分開兩地的慰藉。這是我這一生第一次客觀地聽見自己的聲音，只是錄音機放出來的聲音與平時我所知道的聲音截然不同，講話速度十分快速，連我自己都聽得不是很清楚。沙啞的聲音，加上連發音都不是很準確，怎麼我的聲音是這樣的呢？！我向母親及哥哥追問我的聲音聽起真的是如此嗎？哥哥不假思索地回答，「就是這樣！」而母親只是笑而不答，真的是難以至信，不，我不想相信。

之後，不只是說話的速度，我發現我連行動都比別人快速，甚至是跑步，也是同年學生中最快的。吃飯的速度也是快到別人吃一碗的時間，我已經吃完兩碗飯了；而寫字的速度快到字跡潦草像是張牙舞爪般，當然不會是漂亮的字跡。但是，這樣急性子的個性，讓我在軍隊中完全不認為是壞習慣，吃飯快、說話快、行動快速敏捷，這些都是在軍中最必備的素質。

這些在特定的狀況裡，可能是優點，也可能是缺點；不僅如此，出社會進入職場時，急性子也幫了不少忙。在需要緊急進行專案時，因為比誰都更快速的處事能力而獲得認可。對於其他人討厭而我自己喜歡的領域，我馬上能熱情地一頭栽入。別人不想做的工作，我也攬在身上做，想當然爾，年度績效考核總能拿到好成績。不過，就僅此而已，急性子處理的工作方式能呈現在短期成果上，但卻很難反映在長期的成效上。

性子急躁也會想快點見到成果，若達到成效的時間越長，對像我這般的人來說，是非常不利的。特別是與自己喜歡的相關事情，即使不趕時間，也會想要快點完成。

在某個寒冷的冬天，因為有事待辦，去了一趟龍山電子商場，發現了我小時候常光顧的玩具店，推出了日本動畫裡常出現的角色的組裝式塑膠模型產品，被稱為「GUNPLA（鋼普拉）」。GUNPLA（鋼普拉）是Gundam（鋼彈）與Plastic Model（塑膠模型）兩個字的簡稱。

在龍山電子商場所看到的鋼普拉與小時候玩的粗糙玩具不同，我毫不猶豫，馬上挑選了一個我所喜歡的人物模型，一回到家，徹夜地將它組裝完成。沒有任何人指使，更沒有任何一定要在當天組裝完畢的理由，僅只是想快點看到組裝完成後的樣子，而憑著這個理由，勉強的硬是在當天將它組裝完成，結果隔天就因為勞累而病倒了。

閱讀書籍也是一樣，我喜歡閱讀書籍，因此某個時期，我保存了相當大量的書籍，包含人文、哲學、歷史和科學等領域，隨著有興趣的領域不斷地擴大，所珍藏的書籍也增加了不少。問題是都沒有好好地深入閱讀，對於喜歡且有興趣的該領域書籍還算會仔細閱讀，但是如果出現與所想的主題有一點點不相關的部分，便會快速地翻過，無法堅持下去閱讀那些書籍重點的細微末節，總是將書裡四處隱藏的有益資訊吸收後內化成自己一部分的機會給一腳踢開。

觀賞電影時又是如何呢？如果在電影前半段沒有任何吸引目光的賣點，我根本一點都不想看完，對於性格急躁的人來說，無法從容、耐心等候電影展現想要傳遞的理念及訊息。

額葉具有控制急躁症的功能，以人體的機制來說，無意識比有意識更先做出反應。無意識是經由過去的經驗一次次累積，儲存於掌管情感的中腦或是分布於大腦皮質周圍。當我們開始進行某種行動時，突然做出反應，看起來顯得急躁，那是因為情感搶先於想法，過去感受的愉快經驗會誘發毫無想法的行為。因此，必須強化額葉訓練，來管控急躁症。

31 精神散漫根本無法集中
——專注力下降做什麼事都無法堅持

你現在正在閱讀《你有多堅持，就會有多成功》這本書，請注意，在你閱讀的過程中，對於外部的聲音及動靜，你會做出什麼反應。從隔壁鄰居傳來的吸塵器聲響、奔馳在馬路上的汽車聲音、不斷進進出出你房門的母親、妻子與小孩的喧鬧聲，有多麼刺激你的神經，使你分心呢？如果你對這些聲音或動靜出現反應的話，很遺憾地，你是一位專注力不足的人，專注力好的人不會對任何聲音做出反應，他們懂得如何活用大腦的方法。

你一定曾經聽過父母說過，「我的小孩腦袋很聰明，但就是不努力！」這樣的話，而你是否認同這句話呢？我個人是不認同的。腦袋不好與不好好使用腦袋是一樣的意思，不常使用腦袋思考的人，大部分專注力都明顯不集中；因此，即使想集中專注力在某件事物上，也無法如願，而這裡談及的腦袋好指的不是單純的ＩＱ問題。

由此可知，所謂天才是指懂得好好利用腦袋的人，他們知道如何運用腦袋，加上具有優秀的專注力；腦袋好指的是他們無論是有意識、還是無意識，都懂得好好地使用腦袋。

從小到大，我也是不斷地聽到母親無數次的對我說，「你不是因為腦袋不好，書才唸不好，你只要努力，一定可以的！」但是，母親不知道的是，無論怎麼努力也無法如願所償，雖然我的學業成績不差，但也不算是優秀的那一群。坐在書桌前的瞬間，會想起昨天碰面的女朋友、在學校吵架的同學等，各種雜念在腦海中迴盪，根本無法專注在書本上，我果然不是一位腦袋聰明的學生。

我不是一位容易專注投入一件事情的人，各種思緒常常無法整理出頭緒，因此，經常會走冤枉路。為了買書跑到書店，但無法專注於原本構思好想買的書上，於是這裡翻翻、那裡翻翻，常常比預期買了更多各式各樣的書籍，之後才後悔當初為什麼要買這本書，總是不斷地重複這樣的輪迴。

看電視時也是無法固定收看同一個頻道，抱持著說不定其他哪個頻道正播出更有趣的節目，因此不停地轉換頻道。吃飯的同時也是一邊使用著電腦，甚至是閱讀書籍的同時，也曾一邊觀賞著電影。無法專注投入在一件事情上，精神散漫的狀態下，專注力只會不停地下降，專注力下降之後，無論什麼事情都無法持之以恆。

額葉能切斷從大腦其他部位輸入的資訊，幫助集中專注力於現在從事的事情上。而額葉的功能中，也以抑制和切斷的比率最高，因此十分重要。

一旦額葉不健康，由於額葉抑制和切斷的效能不彰，會導致專注力下降。熟悉強化額葉的方法並徹底實踐，無論從事什麼事情都能專注，並持之以恆。

32 這個那個都想買，怎麼辦？

——衝動展開的事無法持久

你是否曾經有衝動購物或衝動行事的經驗呢？相信每一個人應該都曾經有過，而衝動購物或是衝動行事後，如果結果如你所願或是達到預期的目標，不會讓人感到後悔，這算是幸運的，萬一不是如此的話，就一定會產生問題。

我收集許多各種不同領域的珍藏，如模型公仔、DVD、桌遊、書籍、露營裝備等。我對於當下出現吸引人的人事物，十分容易深陷而無法自拔，但是，仍然無法持續太久，經常一腳浸濕後，馬上就抽離了，到底原因是什麼呢？

一開始以收藏喜歡的領域及喜歡的製造商或裝備為主，到後來接觸到分享相同興趣的各種管道，便透過這些各種管道得知新的產品或新的領域，開始聽信別人的建議而衝動購買商品，並非出於自己的本意。最後，造成什麼結果呢？買了一堆我自己不是那麼喜歡，而是別人喜歡的商品，因為別人都在買，我也就盲目地跟著買。收藏品當中幾乎沒有長期保存的商品，最終全部都被我拿去中古交易網站上轉賣掉，因為無法承擔結果，當事情變得難以負荷時，便輕而一舉地放棄。雖然是因為喜歡而開始的事情，但到最後都失去興趣。

我們現在活在資訊爆炸的時代，由於網路的發達，使得資訊的傳遞速度更加地快速，從多元管道即可得知眾多資訊，這是一件十分吸引人的事。但是，需要注意的部分是，在這眾多資訊裡參雜了許多人的想法，這些想法每天慫恿著我，不停地壓榨、勒索著我，使我配合著他們的人生。

現在比起過去的任何時候，是一個個性突出、強調個人主義的世代，不過也不盡然。環顧四周，有許多廣告在誘惑著我們，我們看著相同的廣告，為了不退流行，衝動地購買相同的產品。再者，由於網路的發達，更容易聚集有著相同想法的人，如此一來，不是隸屬於這個團體，就是加入另一個團體。不想成為落伍者，就勢必得選擇加入一方，結果使得他人的想法，準確來說，是群眾的想法導致我變得衝動，最終受不了誘惑。我們的周圍總是充滿了這樣的誘惑。

無論什麼，只要因為衝動而展開的事情，都無法持久；因為所謂衝動，顧名思義，並非來自於自己的意志。千萬不要將別人的想法當成是自己的想法，就像是不合身的衣服，只會感到不舒服；由衝動所引發的行為，一定會招來糟糕的結果。

誘發衝動的機制是由於受到外來的刺激容易撼動腦部的作用，掌管情緒的邊緣系統必須受到額葉的管控，才能使人產生有益的影響，所以額葉如果不健康的話，將會使得邊緣系統過度活躍，結果導致容易受到周圍的刺激而被同化。因此，如果想排除衝動造成的影響，並培養堅持的力量，就必須維持額葉的健康。

33 這也擔心、那也擔心，需要擔心的太多了

──擔心與不安擊敗意志

你是否曾經擔心還未發生的事情？我曾經因為睡懶覺而上班遲到，手忙腳亂地套上衣服衝去上班，但心情實在是不怎麼美麗。上司的嘮叨、與客戶的早晨會議搞砸、訂單告吹、數落比我還晚上班的職員等，各種擔憂占據了整個腦袋，上班的步伐就像走在荊棘滿佈的路般舉步維艱。擔心的碎片割傷了身心靈，終究導致腹瀉，冷汗直流，上完廁所解放後，症狀仍未解除，最後，必須吃藥才得以緩解。

不過，到了公司之後的狀況與我擔憂的情況完全相反，社長出差去了、嘮叨的魔王上司比我還晚上班、接到客戶通知原本預定的會議改期到明天，眾多擔憂中，唯一真實發生的只有我數落遲到的後輩，他給我一個耐人尋味的奇妙微笑。

相信你也曾經有過這樣的經驗，我甚至還曾擔心過搭公車時，萬一路面塌陷，掉落到地底下該怎麼辦？無法告訴任何人我的擔憂，但我曾經長期帶著這樣的恐懼與不安搭公車。

已經充分強調過了，對於還未發生的事情，所有的擔憂與不安都是多餘的，那只不過是我們的腦袋根據過去的經驗製造出不存在的幻想罷了，務必要認清這個事實。

你是否正擔憂著搭電梯時萬一發生故障，自己一個人被鎖在裡面的狀況？想像飛機失事？擔心努力苦讀，卻考試不及格？還沒開始之前，就擔心「生意會好嗎？能合格嗎？能適應公司嗎？」事先擔憂的人和研究讓生意興隆的方法、為了合格擬定細部目標、苦惱要如何才能發揮自己最大能力的人之間，誰比較容易成功呢？

重要的是對於還未發生的事情，擔憂和不安是摧毀「意志」的最大阻礙原因。再次強調，不要認為擔憂的事情一定會在現實中發生，那只不過是你自己製造出來的假像。

杏仁核是能記憶伴隨著恐怖、悲傷及快樂等強烈情感的經驗，在遇到危機時，即時反應的系統，也因此人類能迅速地脫離危機狀況。不過，萬一杏仁核過度活躍的話，則會產生問題，這種時候可以強化額葉的訓練，使得額葉能夠好好地管控杏仁核。

34 都是我的錯！——負面想法阻礙推動力

如同毫無意義的擔心一樣，使「意志」薄弱的就是負面思考。負面思考恐怖的地方在於，會持續地衍生出其他負面的思考，如不切斷此種惡性循環的話，無論做什麼事皆無法持之以恆。

負面思考會使得原本順利發展的事情，或是原本擅長的事情變成負面的視角，「我是因為運氣好才成功的！」、「雖然今年的銷售額很高，但明年應該就會再次下降！」、「今天的考試太簡單了，不過，其他的小孩應該也都這麼認為吧！」

負面思考的其他問題點是將所有的原因都指向別人，「我今天之所以遲到，是因為我媽沒有早點叫我起床」！、「我沒有辦法升職都是因為崔代理！」、「現在活得這麼辛苦，都是因為父母沒有留任何財產給我！」只是持續不斷的重複「都是因為……，都是因為……」，卻不冷靜地檢視自己。

我之所以換過那麼多份工作的原因，也是因為負面思考帶來巨大的影響。我工作的時候，比起積極正面的想法，我有更多負面的想法。當湧入過量的工作時，比起認為工作能力被認可的想法，腦袋經常閃過的想法是明明領一樣的薪水，有人可以很輕鬆、沒有壓力，有人卻業務繁忙，因而感到忿忿不平。自然對於工作不會產生慾望，只會做出受害者般的行為，比起自己的錯誤，更忙於翻找、揭露別人的疏失或弱點，一旦形成這樣的惡性循環，就會導致只能頻繁地更換工作。

負面思考會使得推動力低落，以一句話簡單形容，就像是剎車一樣；但不僅如此，負面思考還會產生另一個最大的問題，就是會損害身體。當我們經常負面思考、感到不安及陷入擔憂的人生時，壓力就會攻擊我們的身體。

壓力是所有疾病的根源，當身體搞壞時，再怎麼保持正面思考及展現意志力，也是於事無補。如果連本書所說的解決方案你都無法徹底執行，在健康崩潰瓦解之前，所有都會變成無用之物。

不斷地反覆負面思考的話，腦部的所有迴路都會往負面的方向組織，使得負面思考變成無意識，如此一來，就很難脫離這樣的狀態。要維持健康的額葉，勤奮實踐良好的生活習慣，皆能幫助脫離負面思考。活用額葉，享受愉快想像的瞬間，腦裡負面的迴路也能被同化轉變成正面積極的迴路。

35 不是你的錯

——彌補基因不完善的部分

在這需要先知道的是，無法持久的習慣不只是你的問題，這是人類根據數百年前遺傳下來的基因所創造而成的，數百年前烙印在模型中形成了現在的我們。比起改變，你更偏愛安於現狀的理由是遺傳基因在腦裡操控著，雖然前面曾經說明過，大腦不想改變從以前到現在所做過的事，因為使用已經固化定型的神經網路會較為容易，且消耗較少的能量。

當我們從媽媽肚子裡伴隨著響亮的哭聲出生的瞬間，我們已經開始使用兩項強大的武器，一項是從人類共同的祖先身上所遺傳下來的一般遺傳基因，另一項是從個別祖先遺傳下來的個別遺傳基因。

一般遺傳基因指的是很常見的本能反應，也就是車子如果突然爆衝過來，會本能地閃開；肚子餓的話，會不自覺地發出咕嚕聲；緊張的話，會不斷地冒冷汗；感到恐懼時，瞳孔會無意識地放大，人類享有共同的遺傳基因。

我們時常會發現我們的行為與父母相似，我跟別人不同的理由也可以說是，因為我們的父母親完全不同。我的父母親，不，我們的祖先將曾做過的行為和經驗，以遺傳基因的型態傳給了我，因此，如同我的父母與別人的父母不同，我也與別人不一樣，這就是用來區分我與他人的個別遺傳基因功能。

任何一個人都是帶著一般遺傳基因與個別的遺傳基因出生；生活中獲得的知識或經驗以遺傳來的基因為基礎，彼此互相連結及強化，這個過程經常被稱為「自我」，展現專屬於我自己的個性。

無論如何，出生後所經歷過的事情大部分會從出生後開始，根據遺傳的基因在腦中烙印下來，我的性格或一半的習慣都受限於遺傳基因。因此，沒有必要因為覺得所有的不幸都是來自於我的問題而感到自責，也不是說就能夠怪罪父母，父母也是接受遺傳基因，無法自己選擇，只是沒有想以努力來補足遺傳基因缺點的意志而已。從現在開始，你必須要努力改變，不要安於現狀，找尋新的目標來挑戰，用新的經驗來展現新的遺傳基因時，便能達到想要的目標。

到目前為止，你唯一做錯的事情就是拒絕改變；只按照祖先遺傳給你的基因過日子就是全部，那只要將這項錯誤導正就行了。任誰都需要重新思考，有不同的作為，隨時都能展現新的遺傳基因。你必須記得改變的開始得從思考的中樞——額葉出發。

36 想要改變壞習慣就要先改變大腦

——大腦的控制塔台就是額葉

急躁、無法專注、易衝動、無謂的擔憂、將所有的事情都以負面角度思考的壞習慣，想要導正的話，該怎麼做呢？答案就是改變自己的大腦。

我為了改掉無法堅持的壞習慣，開始更深層地研究，努力找尋行為的根源，因此，發現答案就在大腦裡。大腦是我們整個身體的控制塔台，我們的想法和行為都是從大腦出發，唯有徹底認識自己的大腦，才能改掉自己的問題。

那麼，我們該專注於大腦的哪個部位？如果大腦是身體的控制塔台，那麼大腦的控制塔台就是額葉，所以想要改變的話，必須藉由意志來實踐，「意志」在大腦裡就是額葉的產物。

額葉是意識、意志及具有目標的許多有意識的選擇與行為的中樞，脫離重複相同模式的生活、想要有意識地過日子，就必須儘可能的利用額葉所具有的能力。

成功的必要條件是什麼？可能有很多項，其中最重要的是具備良好的習慣，而良好的習慣中持之以恆的習慣是成功的必要條件。天才物理學家牛頓一旦陷入思考中，就會好幾天不睡覺，直到解決問題為止，緊咬著不放，甚至沒有意識到自己都沒有睡覺。運動選手也是一樣，朴贊浩、朴世莉、金妍兒、朴智星和孫興慜等成功選手的共通點，是到成功之前絕不輕言放棄，不斷精益求精。職場生活也是如此，對自己的能力太過自負，每次承接事情都不斷嘀咕的人和雖然能力稍嫌不足，但對於承接的事情都戰戰兢兢、努力不懈完成的人，兩人中誰更接近成功呢？我想這不言自明。

成功的種子想要結成果實的話，就不能輕言放棄，必須堅持到底；因此，想要成功的話，就得培養持之以恆的習慣。習慣從腦開始，無論什麼，匆忙的習慣、無法專注在一件事情上的習慣、衝動行事的習慣、即使是小事也會擔憂的習慣、所有的事都往負面思考的習慣，這些都是阻礙堅持力量的絆腳石，而這些錯誤的壞習慣會使腦部僵化，無法被適當地利用。

為了能脫離重複相同模式的生活，而有意識地過日子，必須儘可能地發揮額葉所具備的功能。從今天開始活用額葉，意識那些無心的行為，努力嘗試改變。健康的額葉無論何時都準備好要執行你的意志。

37 找到原因後就剩下解決——打造最佳的神經迴路

到目前為止，一邊觀察你自己，是否已經約略知道影響你無法養成持之以恆的習慣所產生的問題呢？在這裡最重要的部分是，掌握原因後接受這個事實，並且努力改變它。不過，日常生活中，直接感受因為無法養成持之以恆的習慣所遭受的痛苦並不容易，說實話，平時是不太能具有這種意識來感受。因無法成功、往理想的目標前進，而找尋安於瞬間舒適的原因，這過程不如想像中的順利，要能意識到這件事是非常困難的，我自己在意識到這個問題之前，也是花了非常久的時間。

只因為我吃飯比別人快，就認定我無法持之以恆，我並不這麼認為。閱讀書籍途中，因為背癢，稍微抓了一下，就認定我無法持之以恆，我不這麼認為。收看電視購物，因為主持人「最後一分鐘即將售完」的話術而馬上撥電話購買，就認定我無法持之以恆，我一點也不這麼認為。因為害怕電梯故障而選擇爬樓梯，就認定我無法持之以恆，我根本不這麼認為。

因為媽媽沒有叫醒我，拿這個當作遲到的藉口，而被認定我無法持之以恆，我完全不這麼認為。

這些事情在日常生活中隨處可見，由於太自然而然，我們毫無意識地行動，即使這樣的行為被意識有問題，許多人仍然視這些原因來自外部環境或是他人的問題，那麼，從找尋問題的根源開始就註定踉踉蹌蹌。

現代醫學仍然無法揭露像感冒和癌症等幾項折磨人類的疾病原因，由於不知道原因，治療的重點仍然停留在「減緩症狀」，而人類會因為感冒難受，因為癌症痛苦死亡，因此，重點在於掌握原因，一旦查明原因，就能從疾病的痛苦中脫離。

我們不把無法持之以恆的習慣當作嚴重的問題，即使能讓我的人生一百八十度轉變，我們仍然無動於衷。誰都能改掉無法持之以恆的習慣，知道原因後，就能找到解答。試著描繪出培養堅持力量後寬廣展開的人生，比現在更美好的人生正等待著你。

人類約只使用腦的百分之二十就死亡，但是，這不是事實，我們的腦並非這麼沒有效率地運作，也就是不會形成不使用的無用區域。大腦在集中專注力於某事時，會將剩下的迴路暫時休眠，為了能使目標集中在某件事情上，而暫時將其他功能關閉。

各神經的連結反覆地切斷又連接，這樣的連結是以人類無法感覺的速度進行著，現在你正在閱讀此書的瞬間，連結也持續地發生。

假設人類的腦神經百分之百連接著，那麼，我們將無法實現任何改變，因為在接受新事物時，便沒有可以使用的新的神經迴路。如此一來，人類就跟機器人沒有什麼兩樣，但是如你所知，人類並不是機器。

大腦不只是發揮百分之二十的能力，為了發揮百分之百的效能，必須選擇神經迴路來使用，也就是說，使某些迴路關閉，而某些迴路活化，這樣才能完成驚人的事情。我們必須思考要如何讓這些迴路的配置和連結以最佳的狀態運轉，幸好我們能透過努力來徹底實現這樣的狀態。

平時無心行為的集合體就是自己，意識到錯誤的行為即時改正的話，就像是找到了培養堅持力量的捷徑，知道大腦如何運作，就能改掉錯誤的習慣。

以熱情和毅力成功的名人們4

成功無關年紀，撥雲見日的——雷・克洛克

說到速食，最先想到的食物是什麼呢？一定是麥當勞漢堡。跨越太平洋而來的食物，之所以讓我們感到親切的原因，是來自一個人的努力不懈，那個人就是將麥當勞變成世界級食物的雷・克洛克。他在五十歲之前還只是默默無名的業務員，如果是普通人的話，會想到退休的年紀，而他找到成功的鑰匙，堅持到底。

其實，第一位做出漢堡的人並不是雷・克洛克，雷・克洛克是個奶昔的推銷員，由於奶昔並不是需求高的產品，因此雷・克洛克在推銷上吃盡了苦頭。但某天出現大量訂購奶昔機器的廠商，雷・克洛克非常好奇是哪一間店面，於是下定決心親自帶著產品前往，而他找到一間偏小的麥當勞漢堡店。雷・克洛克被這快速且簡便就能吃到東西的機制給吸引了，馬上與店主兄弟倆碰面，商量在全國展店的計畫，經過克洛克鍥而不捨地說服，最後得到了許可，這時他的年紀才是五十二歲。

麥當勞兄弟一同意展店的計畫，克洛克便迫不及待地加快促進事業的進展，麥當勞漢堡一號店終於在一九五五年四月成功開幕了。但是，麥當勞兄弟對於他的生意手腕一直不能認同，雙方摩擦不斷，最後，雙方的關係破裂，而雷・克洛克仍然不放棄，繼續推展他的事業，最後，從麥當勞兄弟手中接手了經營權。在一九八四年，他過世的那一年，全世界有三十四個國家總計八千三百多間據點，締造了輝煌的紀錄，從五十二歲到八十一歲，雷・克洛克分秒不休地坐穩最高經營者的位置。

即使年紀大，憑藉著毫不疲累的推動力與毅力，華麗裝飾自己後半人生的雷・克洛克，在他的例子中，我們需要注意的部分是帶著訂購的奶昔機初次抵達麥當勞店時，他是位患有糖尿病和關節炎的中年男子，他不因為年紀大而失去任何的機會。機會與年紀無關，重要的是不輕言放棄任何機會，而勤奮不懈地努力，只要你不放棄，總有一天，成功會站在你這一邊。雷・克洛克對於成功的祕訣所下的註解是，「任何開拓的精神或偉大的挑戰精神沒有毅力支持的話，無法發揮任何力量。」

猛然一聽會感到陌生的名子——詹姆士．戴森，但這個名字對於家庭主婦來說，卻是非常熟悉的名字，那是因為詹姆士．戴森用自己的名字發明了真空掃地機器人。詹姆士．戴森被稱為英國的史蒂芬．賈伯斯，是創新想法的象徵人物，然而，他的創新想法是經過無數次的失敗而形成的。他表示，「我成功的祕訣是堅持觀察人類每天使用且被視為不需要再改善的產品」，戴森確信即使再怎麼完美的產品，經仔細地觀察，還是能發現其他的可能性。劃時代的戴森創造出掃地機器人的背景，也是經過持之以恆的努力及伴隨著無數血淚的失敗。

他在馬廄裡搭起實驗室後，直到筋皮力盡前不停地研究，歷經不斷反覆的失敗，甚至時常有說不定就在這次的實驗中結束自己生命的恐懼，但戴森一次也不覺得自己會成為失敗者，仍持續不放棄地進行實驗。從那開始，五年後的某一天，終於，看見了實驗的果實，具備吸淨力和空氣淨化的真空掃地機器人誕生了。戴森繼續趁勝追擊，成為家電產業的新強者，繼續出示了沒有葉扇的電風扇等革命性的產品，與成功的企業家肩並肩、並駕齊驅。

詹姆士．戴森認為失敗是成功的最大因素，他在成功發明了真空掃地機器人之前，歷經了五千一百二十六次的失敗。但是，他絕對不輕言放棄，他的挑戰精神是現在戴森公司的核心經營方針。他總是向員工強調失敗的重要性，即使失敗，只要不放棄，就是實現成功的道路。

第五章

強化額葉的訓練

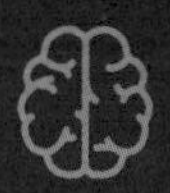
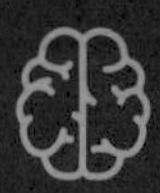

在前面的部分，我們學習了活用額葉來培養堅持的力量，使額葉健康是奠定培養堅持力量的基礎，現在就輪到我們仔細地瞭解如何強化額葉的方法。

38 瞭解大腦是多麼的脆弱
——對大腦的認識

在瞭解強化額葉的訓練之前，先來看看平時我們是如何看待大腦；平時我們都疏忽了大腦，沒有一個人會珍惜或保護大腦，在大腦受傷送醫之前，沒有一個人意識到大腦的重要性。

不是因為交通故事導致大腦受損，生命垂危時，才會對大腦產生糟糕的影響，無意識的行為便會使大腦受損。一般來說，我們認為腦部有頭蓋骨包覆著，應該非常安全，但事實並非如此，保護腦部的頭蓋骨反而會使腦部損傷。

在交通事故發生時，為了保護身體安裝了汽車的安全裝置——安全氣囊，但是，我們卻也會因為安全氣囊而受傷。如戴眼鏡的駕駛可能因為安全氣囊充氣後，使得眼鏡破裂而傷害到眼睛；也可能因為安全氣囊而顏面骨折，或是身體受到嚴重傷害。當然要是沒有安全氣囊的話，可能連命都沒有了，這種程度的傷害，就值得拿性命來交換。雖然沒有什麼比生命更重要的東西，但是萬一我們選擇的人生是不幸的，相信這也不是我們想要的結果吧?!

再回到大腦的部分，大腦是由非常柔軟的物質所組成，而生命就像雞蛋和豆腐一樣非常脆弱，當受到外部的撞擊導致頭蓋骨破裂，即可能會因為骨頭碎片使得腦部損傷，因此，即使是很輕微的事故，也不能輕易地忽視。某一天，有一對雙胞胎姊妹找上了美國有名的精神科學家兼精神科醫生丹尼爾·格雷戈里·阿門（Daniel Gregory Amen），這對雙胞胎的姊姊原本過著幸福的日子，生了三個小孩，生活上並沒有任何問題；相反地，妹妹則是罹患了憂鬱症，人際關係也不好，為什麼這對雙胞胎姊妹卻會差異如此的巨大？

阿門教授使用了單光子電腦斷層掃描（SPECT）拍攝雙胞胎姊妹的大腦，意外發現具有相同遺傳基因的雙胞胎姊妹她們的大腦竟然長得完全不一樣。幸福過日子的姊姊大腦非常的平滑，然而，不幸的妹妹的大腦卻不是如此，額葉和顳葉非常凹凸不平。凹凸不平意謂著大腦的活動力明顯低落，接著阿門教授開口問了妹妹，「大腦是否曾經受傷過？」妹妹回答沒有，不過，姊姊卻記得妹妹小時候曾經從床上摔到地上。❶

從這對雙胞胎姊妹的案例中可以得知，就算是沒有記憶微不足道的受傷，都能使具有相同遺傳基因的雙胞胎姊妹過著完全不同的人生，因此，我們更需要改變對大腦的認知。大腦不是堅固的結構物，是非常脆弱的物質，這點必須銘記在心。

大腦在人的身體中位於最頂端，比起身體其他部位，位於兩端的頭部和腳是最常受傷的部位。即使擁有良好的生活習慣，再怎麼鍛練腦部，一旦疏忽防範外部的撞擊，都會變得毫無用處。因此，首要的事情就是保護腦部免於外部的撞擊，為此，平時養成保護腦部的生活習慣是非常重要的。騎乘機車時，務必要戴上安全帽，即使騎乘腳踏車時也是一樣。在游泳池絕對不要跳水，因錯誤的跳水而葬送性命的事件時有所聞。忽視前方也可能使腦部造成傷害，行走時，不要打字傳送訊息或使用智慧型手機，因意外而撞到汽車車門的事件也頻繁發生。搭乘汽車下車時，務必要注意不要撞到門。另外，也要特別注意家裡的家俱，撞到沒放置好或沒關上門的家俱，因此而受傷的事故也經常發生。如果是家裡有年幼的小孩，更是需要格外注意。此外，必須自己找到保護腦部的方法，並一一地執行實踐。

39 別再給予大腦重擊
——影響大腦的行為

那麼，現在就來瞭解什麼樣的行為對大腦會產生不好的影響吧！適當的運動可以使身心強壯，但是必須是適度的運動才行，像足球、拳擊及棒球等運動，可能會對大腦造成負擔，需要特別注意。

足球不只是腳部的運動，是一種使用除了手以外的全身運動。除了腳之外，使用頻率第二多的就是大腦，足球運動會持續性給予大腦刺激，雖然不會對進行足球運動的人產生致命的腦部疾病，但是，需特別留意發生這樣的機率非常的高。另外要留意的部分是，一定要等到罹患致命性的疾病才是有問題的這種思考方式，會持續給予大腦刺激，可能會降低判斷力、耐心、計畫及思考的能力，雪球越滾只會越來越大，當大腦反覆受到微弱的刺激，可能會導致不可逆的結果，必須特別留意。

拳擊一定會對大腦產生嚴重的問題；職業拳擊手穆罕默德・阿里長期遭受帕金森氏症的

折磨，出現說話與行為不自然的情況，最後不幸離世。從這個例子來看，持續對大腦施予衝擊，會招來多麼恐怖的後果。曾經為職業拳擊手，退休後培養出拳擊手朱里奧・塞薩爾・查韋斯（Julio César Chávez）和曼尼・帕奎奧（Manny Pacquiao）的傳說級教練弗雷迪・羅奇（Freddie Roach），也因罹患帕金森氏症而結束了拳擊的生涯。

一般人可能會認為比起足球或拳擊來說，棒球是一種對腦部衝擊較小的運動項目，但是萬一被投手投出的球給砸到腦部，卻經常會導致腦震盪。再次強調，被認為是輕微的外力撞擊，都一定會對腦部造成不好的影響，不可不慎。

接下來，讓我們來瞭解一下會對大腦造成影響的其他原因吧！我們平時無心的行為中，有兩種習慣會對腦部產生影響，那就是抽菸與飲酒。

沒有任何人能抽著菸，卻一點也不擔心大腦，酒也是一樣，特別是大韓民國國民嗜酒如痴，一杯酒或許可以解憂愁，但對大腦會造成永久的損傷。酒精是一種對大腦會產生致命影響的代表性物質，會使額葉的活動力低下❷，因而失去判斷力，使人做出愚蠢的行為。因為酒精會影響海馬迴，引起記憶力障礙，容易導致短期記憶喪失，很多人在飲酒後會失去記憶，常見喝到記憶斷片的原因就是這樣造成的。一旦酒精中毒的話，大腦的尺寸就會越來越小❸，這是因為神經元的活動力降低而導致。神經元和神經元的連結切斷，會導致失去自我意識，在虛幻的生活中掙扎，很高的機率會就此結束自己的人生。如果大腦無法順暢地運作，人類也可能會活得比動物還不如。

抽菸也會對身體有致命性的傷害；香菸會使流往大腦的血流量減少，造成腦部嚴重的問題。血液負責運輸供給身體的氧氣與養分，當身體無法獲得乾淨的氧氣與養分時，大腦就會加速老化，使得身體所有的活動中止。

現在，是時候來看看你的大腦是否安好。如果你的大腦處於危險的環境中，必須要馬上改變環境，如果立刻改變是有困難的，至少必須做點防備。舉例來說，邊走路邊使用手機，不看前面而造成的事故難以數計，如果想要防止這類事故的發生，走路時就絕對不要使用手機。

現在開始，來瞭解一下如何訓練額葉吧？！沒有健康的額葉，為變化的挑戰只是空談而已。在培養堅持的力量上，按部就班執行強化額葉的訓練是追求成功人生非常重要的活動，千萬不要忘記這一點。

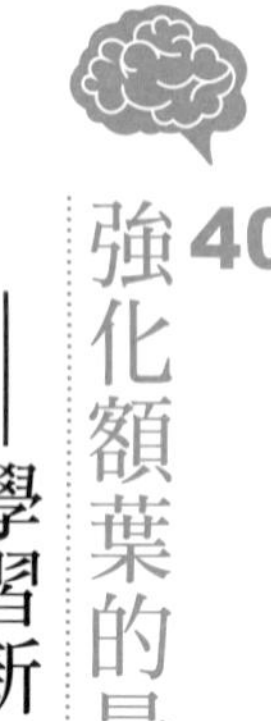

40 強化額葉的最強手段——學習新知

如同在第一章所談及，想要打造健康的大腦，必須創造更多新的神經迴路；也就是說，強化額葉的第一個核心就是神經元的連結，就是保有豐富多元的神經元迴路。在第一章談到學習新知時，給予新經驗的刺激時，神經元會點火，神經元連結是從新的刺激裡產生，最先接收外部刺激的部位就是額葉。額葉在接收新事物時，會形成新的神經元連結，當新環境或刺激中斷時，額葉最核心的工作就會消失。

強化額葉的第二個核心就是供應大腦所需的營養成分，養分供給由血液負責，使血流和血流量能順暢供應是非常重要的。腦科學家發現當接收新事物時，額葉的血流量會增加，為了使神經元的連結和血流量增加，最好的活動就是不斷地找尋新的事物，並體驗後熟悉它。

遺憾的是許多人認為學習有時機之分，學生時期大腦能吸收、記憶所有的事情，為何年紀越大，大腦的運轉就越不靈光呢？真的是大腦功能退化嗎？當然不是。青少年時期大腦運轉靈敏的原因是每天學習新的事物，額葉為了形成新的神經元連結而忙得不可開交，然而，成人之後，比起學習新知，大部分是在活用以前學習到的知識過生活，僅使用之前形成的神經迴，幾乎沒有形成新的神經迴路，而經常使用的神經迴路會存活下來，不常使用的神經迴路則會逐漸弱化，因此，額葉的功能只會退化。結論就是大腦的功能不會隨著年紀增長而退化，而是因為沒有學習新知，使得大腦沒有新的神經元連結產生。

據說曼卡托（Mankato）的修女們比一般人還要長壽，且不容易得到阿茲海默症，巴黎聖母院的瑪麗修女健康地活到一百歲才離世。根據瑪麗修女死後才被揭露的事實，在她的大腦發現有被懷疑是重度阿茲海默症的病變，但是，瑪麗修女在世的期間，她一次也沒有出現失智症的症狀，對這樣的案例，我們該如何解讀呢？研究曼卡托修女和巴黎聖母院修女一生的學者發現，她們都是藉由不間斷地專注學習及研究新知，體驗新的事物，大幅度地減少罹患疾病的機率，即使疾病找上門，也比一般人更不容易顯露出來。

人類大部分都是反覆日常，在既定的情感中毒狀態下生活，比起努力學習新知，更傾向於自己熟悉的事物，如此一來，額葉的活動力只會下降。如果想要讓額葉健康的話，現在馬上挑戰學習新知吧！

前往陌生的地方旅行

前往陌生的地方旅行是有效地刺激額葉的有益活動，在國外遇見許多陌生人和新鮮的環境有助於持續刺激我們的大腦。由於所有的事物都是新鮮的，使額葉能整天都處於活性化的狀態，寫字是積極活用額葉的一種方式。作家們會為了獲得靈感，而前往一個新的環境。

安靜地坐在書桌前，很難浮現新的想法。我們經常這樣說，「一方面也是放鬆腦袋，是該去哪裡旅行一趟了」，旅行能使我們文思泉湧，這是因為額葉接受新的刺激而活化，增加了思維的寬度。

雖然國外旅行也非常適合，但如果狀況不允許的話，國內旅行也是隨時都能安排成行的。大韓民國雖然土地不大，但你也無法走遍每一個角落，周圍還有許多我們沒有去過的觀光景點。如果要使用家用客車或是租用車的話，請選擇地圖來取代導航，這是因為比起被動的移動，主動地行動更能活化額葉。別再遲疑，馬上行動準備前往陌生的地方旅行，任何沒有去過的地方，無論何處都是很好的選擇。

擁有興趣活動

平凡生活的人們最容易接觸新事物的機會就是興趣活動，如果是平時就想體驗的領域，無論是什麼都是非常好的選擇。再者，不要只執著於一種興趣，建議嘗試多種興趣，興趣活動對我們有益的原因不僅是能體驗新的經驗，更大幅增加了我們接觸陌生人的機會。認識新的人與體驗新事物一樣是重要的活動，因為興趣活動能將興趣相同且有共鳴的人相互連結起來。在眾多的興趣活動中，我推薦的是桌遊。桌遊是男女老少都能參與，且能悠閒享受的一種遊戲。過程中，必須熟悉遊戲規則、擬定策略，與參與者合作或是對決。遊戲的種類有數千種，能不斷地學習新的遊戲。

熟悉遊戲及擬定戰略的期間，使用最多的部位就是額葉，享受多樣的桌遊是一種使額葉健康的超值方法。前面提到的瑪麗修女和曼卡托的修女最常做的活動中，就包含桌遊和拼圖遊戲。此外，也包含了能幫助額葉活化的跳舞、烏克麗麗、瑜伽和ＤＩＹ等興趣活動。

改變環境

生活中難免有時想法卡住或是曾有發楞的經驗，這是額葉的活動力低落所發出的信號。在相同的地方以相同的想法和相同的模式生活的話，額葉會喪失本身的功能，額葉活躍地運作時，才能發揮靈活的思考，而這種時候，雖然是很瑣碎細微的事，仍然有活化額葉的方法。

我所認識的一位朋友，他習慣一個月至少一次以上更換書桌或床等家俱的配置，他認為這樣做能讓他茅塞頓開，湧現一些新的想法，進而使自己從危機中脫離。每當朋友這麼說的時候，我都不以為然地回覆這只是巧合而已。在接收新的事物時，可以使額葉活化到極致，即使是細微的變化，也能幫助刺激和強化額葉，因此，思考就會跟著變得靈活。

強化額葉這件事可以從細微的變化開始，那麼，有哪些事情是我們日常生活中能夠實踐的呢？除了前面提過改變家俱的配置之外，聽廣播、平時開車經過的路線改用步行的方式、利用大眾交通工具、不儲存電話號碼儘量背起來、一天說十次以上謝謝、參加新的聚會認識新的朋友、走周圍沒有走過的路或是去沒有去過的地方、用非慣用手寫字、用非慣用手吃飯、不走相同的路線兩次以上（A路線如果走過兩次，下次就改走B路線或C路線到達目的地）等都是平時能夠輕易做到的事情。

即使是非常細微的變化也能使額葉活化，重要的是每天最少勤奮地實踐一項以上。額葉在活躍運作的狀態下，日復一日，能確實提高判斷力。人時時刻刻都必須作出判斷，而此時，根據我們所作出的決定將會左右我們的人生。

永無止境的學習

阻饒我們擁有熱忱學習新事物的障礙是什麼呢？令人吃驚的事實是，這樣的阻礙來自於教育。人類不像動物，比起挑戰新事物，更傾向於熟悉的行為模式。由於猴子無法將自己祖先習得的知識傳承給後代，即使是成猴，還是必須透過學習來滿足好奇心。然而，人類卻能將知識以語言或文字的方式傳承給後輩，諷刺的是人類偏好從祖先世世代代流傳下來的知識，一旦發現任何與這些知識稍微有出入時，必定先是恐懼和懷疑。

不要認為世界上存在著絕對不變的真理，雖然有些永恆不變的知識，但是經過時間的歷練，與時俱進，是很有可能會被改變的。即使是大腦相關的領域，過去大腦是固定不變的理論被學界深信不疑，而現在被證實該假設是錯誤的。人類長久以來認為地球是平的，現在連小學生都知道地球是圓的，過去的理論不一定都是堅不可破的，我們所學的知識隨時都有可能被推翻。

我們必須不斷地探究及學習新的變化和資訊，不可以死守著過去的理論或知識而害怕改變，囚禁在僵化想法的牢籠裡。千萬不要認為學習有時機之分，必須隨時努力學習新知，舉例來說，學習新的語言，無論是哪一種語言，如果你英語和日語流利的話，那就學看看法語和西班牙語。比起使用母語，學習新的語言後並使用它，能讓大腦更加的活化。如果不擅長電腦，學習如何使用電腦也是很好的選擇，像是Photoshop、Word Processor、Excel、PowerPoint等電腦相關領域，值得學習的東西非常多。

掌握現在流行的事物也是非常重要的；在不久前流行部落格，許多人在上面分享實用的資訊，現在透過Youtube影音平台，許多人上傳影片分享自己的想法及創作。想要成為Youtuber，必須學習許多技能，更何況要將自己的想法說出來，優點是能積極活用額葉，你不妨試著學習如何成為一名Youtuber吧！

在瞬息萬變的這個時代，學習永無止境，身邊隨時隨地總是充滿了可以學習的東西，我也是不停地學習及研究大腦的相關知識，而透過這樣的學習，能促使額葉活化，持續的維持在健康的狀態。精神活動活躍的人比起不活躍的人更能活得健康且長久。

額葉就像是電力，產業界所有的設備沒有電力就無法作動，只要停電一分鐘，就會對產業造成巨大的損失。因此，產業界都會準備緊急用的發電機來確保預備電力，以對應不知何時會發生停電，而學習新知，挑戰新事物，就如同在額葉儲存預備電力一樣。

額葉必須隨時啟動著，當額葉關閉時，大腦就會無法正常運作。從外部獲得的經驗或知識，即是扮演著促使突觸活動，活躍的發電機角色。為了打造健康的額葉，必須持續不斷地刺激大腦，提供新的經驗，大腦隨時都準備好要接收新的事物，你所經歷的多元刺激將變成活化額葉的原動力。

接下來瞭解一下強化額葉最基本且重要的活動，請你務必要按部就班地實踐，你將會發現意想不到的驚喜。此外，日常生活中也有許多強化額葉的方法，就讓我們一起來瞭解有哪些方法吧！

41 需要冥想的原因——提升額葉能力

二〇〇四年心智與生命研究所以及威斯康辛大學的心理學和精神病學教授理查德・戴維森（Richard Davidson）博士得到西藏的精神領袖達賴喇嘛的贊助，對西藏一百七十五名僧侶進行冥想效果的實驗。此實驗的目的是為了瞭解冥想對於大腦會產生什麼影響，以及改善生活品質的程度。

研究團隊透過ＭＲ拍攝僧侶們在進行冥想時，大腦會產生什麼樣的變化；實驗的結果令人吃驚，僧侶們在冥想的過程中，額葉的活動變得十分活躍，與一般人在注意力集中時所出現的額葉活動是無法相互比較的[4]。由此可見，冥想是一種提升額葉能力的好方法。此外，冥想的好處除了提升專注力之外，還有許多好處。

ＵＣＬＡ研究團隊發現進行冥想的人，他們的額葉和海馬迴會一起變大，因此，冥想也會影響學習能力和記憶力。由於海馬迴是負責記憶的器官，因此，多虧了負責短期記憶和長期記憶的海馬迴，我們才能預測未來。也就是說，我們能夠不重複犯相同錯誤的原因，就是因為海馬迴將錯誤儲存在長期記憶裡。額葉將儲存在海馬迴長期記憶的錯誤翻找出來，並進行分析、調整想法，使我們不再犯同樣的錯誤。最重要的是海馬迴使我們能夠想像我們的未來，將這些想像的結果投射在現在。

英明一放暑假就會到鄉下外婆家玩，他和外婆一起坐在瓜棚下吃著西瓜，當外婆短暫離開的期間，他被甜味吸引而來的蜜蜂叮了。因為這件小插曲，在英明的腦海中留下了只要在瓜棚下吃西瓜就會被蜜蜂叮的長期記憶。這種記憶伴隨了強烈的情感，往後，英明只要到外婆家玩，就會刻意避開瓜棚，那是因為就算只是看到瓜棚，就會喚醒過去吃西瓜被蜜蜂叮時所分泌的化學物質傳遞到全身的記憶，回想起當下的痛苦。像這樣伴隨強烈情感的親身經驗會被儲存在海馬迴，之後，每當浮現痛苦的記憶時，當時分泌的化學物質就會出現，使我們能預見未來。

額葉的活躍意味著調整邊緣系統的能力變得更好。邊緣系統中杏仁核是恐怖、悲傷、不安等的情感中樞❺，當你不安或憂鬱時，杏仁核就會十分活躍。這時，如果你進行冥想的話，額葉活化後，就能緩和包含杏仁核的邊緣系統，那是因為額葉能提高專注力，切斷從其他器官傳來的感覺，因此，我們才能擺脫因為杏仁核活躍所產生的這些毫無意義的擔憂、不安和恐懼。

以冥想能獲得的另一種好處是創意想法。創意的想法是來自於大腦的哪個部位呢？不用多說，就是額葉。冥想能使額葉活化，因而使想像力更豐富，在這瞬間，因生存反應，使得過去的模樣消失得無影無蹤，進而促使平時想不出來的創意大量湧現。

創意想法非常重要，盡情想像你想成為什麼樣的人，這是你擁有的特權。額葉使你苦惱信用卡繳費通知單和晚餐要煮什麼，使你煩惱就業和升遷的問題，盡情想像現在這一瞬間，你真心想要的是什麼？想要變成什麼樣的人？

進入冥想前需要做的事

平時出現生存反應時，必須練習如何擊退它，如果不進行這個過程的話，無法徹底進入冥想的狀態。如果你隨時進行冥想都很能進入狀況的話，便沒有什麼問題，但不是修道者的大部分群眾一般來說是無法完全進入狀況的，如果不確切抑制生存反應的話，是無法透過冥想來獲得任何東西的。

平時無意識做出的習慣或想法，客觀地進行觀察的話，現在必須有意識地遠離這些想法，因為急性子會使事情不順利，造成別人的困擾，因此，在做出任何決定或行動之前，最好再冷靜地想一想。再者，別人如果對自己說「我很急！」的話，千萬不要被牽著鼻子走，也請不要說出「我是急性子！」、「不能快一點嗎？」這些話。

徹底地觀察無意識出現的衝動行為，記錄在筆記本或便條紙上是個不錯的方法。舉例來說，吃飯速度快、步行速度快、說話速度快，導致對方聽不清楚，經常要求再說一次，將這些事情記錄下來，下次在出現這些行為之前，先看看筆記本或便條紙，努力地改掉，直到不需要看筆記也能不出現這些過去的壞習慣為止，反覆地進行這樣的訓練。

還有，當腦海中出現操心的事或負面的想法時，將筆記本拿出來記錄下來，並在筆記本的中間畫線，左邊寫上操煩的事，右邊寫上擔心這件事對我沒有任何幫助，而且擔心也無法解決這件事情。再者，寫下這樣的擔心不一定會變成事實，沒有必要操這個心。出現負面的想法時，也是一樣反覆這樣的動作。這麼做之後，你就會發現你自己不再被過去給束縛。從現在開始，冥想的過程中，你將不再被那些不必要的操煩或執念給困住，能夠徹底地進入冥想的狀態。

建立冥想的慣例

網球界的巨星拉斐爾・納達爾（Raphael Nadal）在開球之前會先做一件事，每次擦完汗，讓球彈地三次後，拉一下屁股縫的褲子，摸一摸肩膀和鼻子，接著將兩側頭髮塞到耳後。納達爾進入球場時，一定先伸出右腳，在發球前和進入球場時，一定會有意識地遵守自己的習慣，來幫助他贏得比賽。

職業棒球三星獅的朴漢伊選手進入打擊區時，都會做一個獨特的姿勢；他會先將手套綁緊，接著跳一跳，抖掉雙腿附著的灰塵，然後利用打擊頭盔將頭髮塞進去，用左手拍打一下屁股，用球棒在地板上畫出與右腳尖形成的直角，最後，會輕輕地空揮球棒一次，完成打擊的事前準備，這些動作約花費二十四秒的時間。拉斐爾・納達爾和朴漢伊選手的這些習慣雖然會引起對方的不耐煩，但對自己本身是非常重要的意識行為。

大家應該都聽過魔咒，美國職棒大聯盟波士頓紅襪隊的「貝比魯斯魔咒」是全世界棒球粉絲都知道的魔咒。波士頓紅襪隊將貝比魯斯（暱稱：邦彼諾，Bambino）賣給洋基隊後，歷經了八十六年才於二〇〇四年再次奪冠。魔咒指的是不好的徵兆，「慣例」也可以被稱為勝利的方程式，納達爾和朴漢伊選手的行為就是一種慣例，這樣的慣例是根據相信特定的行為會帶來好的結果。

這裡會談到慣例的原因，是冥想也是為了要得到好的結果而需要有意識的行為，也就是說，在進入冥想之前，需要建立專屬於自己的慣例。不過，有些人不需要這些慣例也能隨時進入冥想狀態，而這些人就不需要建立慣例，但如果是不擅長於進入冥想狀態者，可以試著建立只屬於自己的冥想慣例。

冥想慣例的第一個準則—時間

首先，我們先談談時間，因為每個人的條件和狀況不同，這裡就不適合強調某個特定的時間區段，因此，最合理的方法就是每個人自己決定，這裡僅會提供幫助選擇最佳時間的相關資訊。

我推薦的時間區段是半夜或是凌晨，在霧氣瀰漫、籠罩著大地時，安靜地起床，以最平靜的姿勢進行冥想。此時，是這世界最安靜的時間，也是從無意識世界進入有意識世界的時間點，在還沒找回意識的狀態下進行冥想是最好的時機。選擇半夜或凌晨時段比較適合的另一個理由，是過去在無意識下做出的那些壞習慣，可透過冥想自我反省改正，下定決心開始新的一天。

回想一下前面所談K的例子，K成為了積極的人，準時地收看搞笑喜劇節目，努力地讓自己充滿積極正面的想法，待人和善。

你最好也能用冥想迎接一天的開始，以感恩的心來對待他人。決定要效仿學習的對象，以藉此鮮明地描繪出未來的獎勵，然後接著開始新的一天。當你抱持著感恩的心，無論遇見什麼人、做什麼事，對方也會以真誠的心來對待你，那麼，發生好事情的機率一定比現在更高。事先感受感恩的心，然後整天實踐它，就能充分地看見效果；相反地，即使進行了冥想，但沒有持續不斷地實踐的話，無法視為重新下定決心要透過冥想來改變的覺悟。如你期待藉由一次的冥想，就能輕易切斷自己過去所累積的連結，這僅是痴人做夢。

一定有些人不適合這麼早的時段，如果是這種情況，在睡前冥想也是不錯的選擇。這個時間點也是由有意識轉換為無意識的時間，因此，更容易進入冥想的狀態。

重要的是在冥想的期間不能受到任何人的打擾，所以，必須選定最不會被打擾的冥想時間，不要因為凌晨的時段比較適合，就無條件安排在此一時段。萬一這個時段周圍環境吵雜、喧鬧，選擇其他時間會更適合。

冥想慣例的第二個準則——時長

接下來要注意的因素是「要冥想多久的時間？」，看看談論冥想的書籍可以得知沒有明確定義冥想的時長，有些書提到十五分鐘，有些書提到二十分鐘或四十五分鐘，甚至認為一個小時的書也有，為什麼差異會這麼大呢？這是因為每個人進行冥想的原因都不盡相同，如和尚需要的冥想時間較長，物理治療的冥想時間也不短。

根據一份研究報告顯示，進行二十分鐘的冥想，就能充分地安定因壓力而產生不安的心。你一定曾經看過運動選手在出賽前短暫地閉上雙眼喃喃自語或默念的畫面，這也是簡短的冥想。不同的人冥想的時長也不一樣，有人三十秒，有人幾個小時，那麼，我們要投資多少時間在冥想上呢？

為了切斷壞習慣的神經網路，形成新的自我，我們需要花多少時間冥想呢？答案取決於你自己。每個人的性格、特質、面對冥想的覺悟、想改掉的壞習慣歷史和壓力等各不相同，因此，無法定義一個特定的時長，其實，在這裡重要的不是「多長」，而是「到什麼時候」，也就是要在哪裡停下來才是最重要的。

如果你已經描繪過之後自己想成為的樣子，那就開始以激昂的情感進行想像。其次，你將會清楚感受到某瞬間達成目標時所帶來的獎勵，這個時間點就是該停止冥想的時間。一個早晨要達到此狀態可能有困難，但只要按部就班進行的話，就會迎接此瞬間的到來，千萬不要在這之前就放棄。

冥想慣例的第三個準則──地點

決定一個不受任何干擾，能夠安靜專注於冥想的地點，這件事與冥想的時間一樣重要。地點的選擇也是因人而異，有人認為涼爽的海邊是冥想的好地點，也有人想到寧靜的寺廟、教堂或是教會，風景秀麗、幽靜的鄉下村落也不錯，人煙罕至的無人島也是很好的選擇。但是這些地點都太寬廣了，決定地點不需要舉棋不定，冥想不是什麼太了不起的事，我們日常生活中也能找到不受干擾，適合進行冥想的地點。

首先，我們來看看廁所，沒有人在廁所裡辦事時會被打擾，比起吵鬧的辦公室，廁所無疑是一個更適合冥想的地點。圖書館也是一個非常適合冥想的地點，如果圖書館離家近的話，就再好不過了。雖然不知道以前怎麼樣，但最近新蓋好的圖書館周圍都設有公園或散步步道，因此，跟著散步步道漫步，在腦海中想想自己想成為什麼樣的人，也十分愜意。此外，環顧四周，隨處都能發現靜謐的地方，現在馬上抬頭看看四周吧！

我個人推薦的地點是自己的家，冥想必須按部就班，那麼，就會需要一個固定的地點，所以家裡是最好的地點。如考量到最適合冥想的時間是淩晨或睡前的話，沒有其他地方比家裡更適合的了。

再說，如同前面所談及，在冥想之前先散個步也很不錯，如果是住家附近的地方，任何地點都無妨。十分鐘左右的冥想所整理的思緒和沒有進行冥想會出現截然不同的結果，為了能清楚描繪出我想成為什麼樣的人，事先短暫思考一下，這樣能提升冥想的效率。

有些人無法尋覓到適合的地點，這種情況先在所在的位置進行短暫的冥想。在條件不好的地方也不是無法進行冥想，重要的是自己的意志，而不是地點或時間的問題。只要想進行冥想，在工地也能進行，沒有什麼地方無法進行。如果對冥想感到困難，先試著思考，抽出十分鐘也行，想想要成為什麼樣的人或是想要擁有的好習慣，十分鐘後，就能往目標更前進一步。只要勤奮地做，無論是冥想還是思考，都顯得不重要了。

冥想慣例的第四個準則─氛圍

確定冥想的時間與地點後，現在開始來打造環境。前面提過，只要有意志，在工地也能進行冥想，坐在廁所也隨時能進行冥想，但是這不是常見的事。氛圍的營造是針對在上述那些情況下，無法進行冥想的人。

當時間和地點都決定好之後，接下來必須營造適合冥想的氛圍。我們來看看有名作家的桌子，周圍陳列著許多書籍，書桌上放著白色的稿紙，作家手裡拿著沾滿墨水而且上面插有羽毛的筆，而桌子的另一側，放著一杯能慰藉作家痛苦、熱氣裊裊升起的咖啡，作家的嘴裡叼著一根菸斗，溫暖的清晨陽光穿過巨大的窗戶，照射在作家的頭上，這所有的一切都是為了能有好的作品產出。

無論做什麼事，氛圍有提升效率的效果，因此，人們願意花時間在轉換氛圍或裝飾環境上。同樣的食物，在風景壯麗的地方吃和在灰塵滿佈的地下室倉庫吃，則有著天壤之別。

我認識的一位朋友，他習慣在冥想的時候點個蠟燭，還說一定要點有香味的蠟燭，才能放輕鬆。有些人則是放優雅的古典樂進行冥想，這也是一種不錯的方法，當然，要選擇沒有歌詞的那種。比較心浮氣躁的人可能會選擇將身體泡在加了天然浴鹽的浴缸裡，這是一種能放鬆身體的好方法，像這樣放鬆身體之後，在進行冥想時，可以更投人。

試著找到適合自己的方法，然後深思如何才能進入深層的冥想，不過，必須先打好基礎。如果想要提高冥想的效率，就必須準備好能夠專注的條件，因此，將燈光稍微調暗一點，如果是在晚上的話，使用檯燈或蠟燭是更好的選擇，如果是在白天的話，拉上窗簾，讓周圍變暗。再來，因為身體需要非常舒適，準備坐墊或選擇穿著輕便服裝，是較好的選擇。

因為我們對於周圍環境的刺激已經感到習慣，但環境對人會造成許多影響，環境造就經驗，經驗造就我們，所以，從現在開始，要使環境給予的刺激不再左右我們，我們反而要利用環境。千萬要記得，營造氛圍可以幫助提升冥想的效率。

冥想的準備階段也跟進行冥想的方法一樣重要。很適合在凌晨或睡前進行冥想，這是因為在有意識和無意識交會的時刻，更能輕易地進入冥想狀態。直到能清楚感受到實現自己訂下的目標，獲得獎勵之前，必須持續不斷地進行冥想，而你如果能夠持續冥想的話，就能縮短達到該階段的時間。家裡是最適合冥想的地點，這是因為你隨時都能平靜地進行冥想。最後，營造專屬於自己的氛圍也很重要，利用協助提升冥想專注力的工具（古典音樂、有香味的蠟燭、天然浴鹽、坐墊、舒適的服裝等），能夠增加效率。

42 走路越多，大腦越聰明——持之以恆的運動

運動是打造健康額葉不可或缺的重要條件。觀察你自己的一天，開車出門上班，在公司工作時，坐著的時間比站著的時間還長，下班開車回家，吃完晚餐後，坐在沙發上看電視，然後睡著，你是否曾經想過，一整天你雙腿踏在地板上的次數有幾次？

走路運動能增加流往腦部的血液

很久以前，我們的祖先一天平均走路十到十五公里，與現在相比，會發現有著巨大的差異，持之以恆運動的人和不運動的人有著明顯的差異。

科學家們對足不出戶，只在家生活的人，又稱為沙發馬鈴薯（Couch potato），對他們進行了實驗。參與實驗的人在實驗之前必須先接受智力測驗，接著進行有氧運動二十至三十分鐘後，再次接受智力測驗，結果如何呢？推論能力、注意力、解決問題的能力與記憶力等所有智力比運動前大幅提升[6]。有氧運動是好運動的理由是因為流往腦部的血液量增加，氧氣和養分的供應順暢，自然而然可促使額葉活動力增加。

人類與其他動物不同，以富有智慧的生物體不斷進化的原因是持續地走路，使得流往大腦的血液增加。幸好最近常看見以走路來讓身體變健康的人越來越多，建議一天步行一萬步，我也是每天到家附近的公園散步。一萬步相當於幾公里呢？雖然沒有經過準確地計算，以我的基準來看，大約是四到五公里。我家到公園的距離約一公里，繞公園幾圈再走回家大約是七千步左右，七千步約三公里，所以一萬步約四到五公里。不過，由於每個人的步幅都不一樣，這個數值並不準確。不管如何，一萬步比起我們的祖先一天走的步數還差遠了。

根據老鼠實驗所做的研究，運動能使額葉產生新的細胞[7]，但是，如果沒有持續地給予刺激的話，新生的細胞存活約四周之後就會死去。這就是根據赫布理論，如果不使用的話，就會死去，前面提到對人們進行的運動實驗也一樣，適用此一原則。如在運動的中途放棄的話，智力會再次降低，依據這樣的脈絡來看可以瞭解，要保有新生的神經元，就必須持續地給予刺激，也就是以持之以恆的運動作為後盾。

看約翰．瑞提（John Ratey）博士撰寫的《穿上運動鞋的腦》一書可以得知，小孩如果是藉由運動來提升學習能力，比較數學和科學成績所得的結果是亞洲的學生比美國的學生還要優秀，然而，伊利諾伊州的某間學校的學生卻比亞洲的學生成績還要卓越，這是為什麼呢？那是因為晚自習的緣故嗎？還是因為家教的關係呢？都不是，只因為學生進行了大量的運動。這間學校的學生們每天必須以一．六公里的速度跑步，就只是因為這樣❽，答案就是要有高強度的有氧運動。

持之以恆運動的學生成績比起不運動的學生成績還要出色的研究結果持續地被發表出來，因此，想讓子女書唸得好，與其送去補習班，更好的作法是讓他在外面流汗。

網球、登山、跑步、騎腳踏車、游泳、羽球等都是很適合的有氧運動，其中桌球是具有許多優點的有氧運動。住家附近如果有桌球場的話，馬上加入會員吧！像桌球一樣能移動全身的運動不多見，別說上半身是如此，下半身更是沒有休息的片刻，因此，短時間能進行激烈有氧運動的項目除了桌球，別無其他選擇。前面提到能使氧氣與養分順暢供應的有氧運動，是大腦健康不可或缺的選擇。

再看看桌球的其他優點，桌球是大量使用大腦的運動，發球時要發往哪個方向、球要往哪個方向旋轉、施力的大小、是否將球擊到角落和如何擬定計畫來進行對決等，片刻不得休息地發揮專注力與沉穩來應戰，越使用額葉越能獲得勝利的運動就是桌球。

再者，桌球是一項十分安全的運動，被桌球擊中造成腦損傷的機率幾乎是零，而桌球所消耗的體力不比足球和棒球少，是對大腦健康有益又能安全享受的運動。桌球的優點還不只如此，也是一種能簡單與家人或情人一起進行的運動，不需要購買昂貴的用具或運動服，只要有心，任何人都能毫無負擔地參與。

這裡有一個關於桌球的有趣研究結果，日本的某研究機構觀察了打桌球前後的大腦變化，結果發現比起打桌球前，在打桌球後的十分鐘後，額葉和小腦的活動力會大幅地增加[9]，單憑這項結果，就能得知桌球對於大腦健康是多麼有益的一種運動。

運動能預防和克服疾病

對於額葉出現問題的病患最建議的治療方法還是運動，特別是有研究顯示在治療因額葉問題所產生的注意力缺陷過動症（ＡＤＨＤ），比起藥物，運動是更有效果的方法。美國知名的游泳選手麥可・菲爾普斯（Michael Phelps）能夠克服ＡＤＨＤ，也是對自己喜歡也擅長的游泳不斷努力後的結果。運動也能預防阿茲海默症和憂鬱症等腦部疾病[10]，運動在預防及克服疾病上能發揮顯著的效果。

過猶不及

所有運動都是好的運動嗎?上述提到的激烈運動有較大的機率導致受傷,過度激烈的運動可能會損害腦部,也會使智力降低,而對大腦最好的運動就是有氧運動。一天持之以恆走路二十至三十分鐘,就能給予腦部正向的影響,不需要大量的運動量,就能打造健康的大腦。任何人只要稍微努力,就能擁有健康的大腦,這是多麼值得高興的一件事情,但最重要的是要能持之以恆。為了使神經元之間的連接能夠持續,千萬不要忘記,一定要不斷地重複執行。

43 大腦在睡覺時處理重要的任務
——睡眠重要的原因

睡眠不足的話，容易變成我們常說的「發愣」狀態，發愣意謂著什麼呢？這意謂著大腦的迴路無法徹底運作，功能無法發揮的狀態。大部分失眠是因為憂鬱症所導致的機率非常高，憂鬱症是大腦邊緣系統過度活躍所引起的疾病。而使邊緣系統活躍的原因是什麼呢？那是因為額葉的功能無法徹底發揮，理性與感性間的拉扯無法取得平衡，導致邊緣系統開始作怪。睡眠不足的話，將會使得額葉的活動力低落，邊緣系統的活動力增加。

前面曾經提過睡眠中大腦扮演一個重要的角色，大腦在睡眠的期間會整理及分類當天所發生的事情，並維持細胞的健康，更加鞏固神經元之間的連結⓫。但是，一旦睡眠不足，神經元的活動力受限，就會產生問題，而最大的問題就是專注力和學習能力變差，判斷力下降，因此，在學習新知就會遇到困難。為了脫離依賴過去的生存反應，就必須學習新知，但已經遲鈍的大腦無法接受這種情況，萬一不幸變成這樣，也只能再回到過去的牢框裡。如果要想實現自己的目標，就必須要有足夠的睡眠。

那麼，如此重要的睡眠品質該如何解決呢？一樣，必須從回顧過去的自己開始。前面曾經提過過去的習慣造就了現在的你，所以答案就在這裡，當你意識到習慣性做出的行為時，就能從失眠的痛苦中解脫。

你必須意識到自己一天抽了幾根菸；喝咖啡的時候，就得自覺你正深受失眠的折磨；每次遭遇壓力時，就必須意識到無法好好的入眠，在睡覺前，拋棄那些對還未發生的事情所衍生出沒必要的不安與擔憂。

還有，也必須回顧你的生活模式，如加班像吃飯般稀鬆平常，或是日夜顛倒，儘可能在最短時間內脫離這種生活。雖然現在身體沒有感受到不對勁，但你的大腦已經逐漸地走向死亡，想要維持健康的額葉，一天必須至少睡七小時以上。

來瞭解一下幫助睡眠的方法。首先，保持睡眠的固定模式，最好是在同一個時間睡覺，同一個時間起床。睡覺的空間另外準備，安排在只是單純睡覺的房間，並儘可能不要白天睡覺。如果是睡眠沒有障礙的人，午後短暫的午睡，有助於下午的活動，但如果是睡眠品質不好的人，白天睡覺就會影響晚上的睡眠。最後，白天務必要出去外面接受陽光照射，陽光能促進被稱為血清素的化學物質分泌，血清素是提供活力的神經傳導物質，當血清素大量分泌時，就能消除壓力，如此一來，就能睡個好覺⑫。因此，如果是上夜班的人，儘可能轉職成上日班的職業。

44 大腦喜歡什麼樣的食物？

——營養攝取

為了使額葉健康，不可或缺的就是營養攝取，必須吃得均衡。這裡說的吃得均衡不是不挑食、毫不忌口的大吃大喝的意思，是指必須攝取對大腦有益的食物。

食物對我們很重要的原因是什麼呢？那是因為構成我們身體的細胞需要養分才能生長，我們吃了什麼東西，會決定我們大腦的健康。再強調一次，我吃的食物造就了「我」，特別是脂肪對大腦非常重要，大腦的百分之六十是由脂肪所形成，因此，需要特別注意脂肪的攝取。

脂肪

一般人都認為脂肪對身體不好，這句話只對了一半。對人體不好的脂肪是指飽和脂肪和反式脂肪，這些脂肪攝取太多的話，會對額葉產生影響，使人變得懶惰和愚笨。學者們藉由老鼠的迷宮實驗已證實了這個事實，攝取許多含有飽和脂肪食物的老鼠在通過迷宮時，會不斷地重複失誤，相對花了更長的時間在通過迷宮。

富含飽和脂肪和反式脂肪的食物有哪些呢？像是牛肉、豬肉、蛋黃、奶油、冰淇淋、起司和炸薯條等，想擁有健康的大腦，必須儘可能不要攝取這些食物。

相反地，對大腦有益的就是不飽和脂肪，這是必須要攝取的脂肪。不飽和脂肪能降低膽固醇的數值，一旦缺少不飽和脂肪，就容易得到憂鬱症，使得額葉無法發揮主要的功能。

富含不飽和脂肪的食物有豆類、杏仁、腰果、紅豆等堅果類，堅果類對大腦健康有益。另外，鮭魚和鯖魚等魚類中能提供身體必需的營養——Omega 3脂肪酸。最後，還有芥菜籽油、亞麻籽油、橄欖油等，低脂肪的瘦肉像是雞肉（非油炸）和鴨肉，也都富含不飽和脂肪酸。

碳水化合物

碳水化合物也一樣重要，我們都認為糖、麵粉、白米等白色碳水化合物對人體不好，這句話並沒有錯，但是，人體必須攝取好的碳水化合物。

含有甜味的食物可能引起強迫症或降低生活的慾望，也會引起衝動調節障礙，導致爆飲爆食或肥胖的問題，因此，儘可能不要食用甜甜圈、果汁、糖、麵包和碳酸飲料等碳水化合物。

相反地，對人體有益的碳水化合物含有豐富的纖維質，膳食纖維能幫助降低膽固醇數值且使血流順暢，是大腦健康所需的營養。富含對人體有益的碳水化合物食物有花椰菜、藍莓、蔬菜、豆類、低脂牛奶、紅蘿蔔和全麥麵包，請儘量攝取這些食物。

請儘量避開速食和富含咖啡因、鹽分含量高等會威脅大腦健康的食物。

節食（吃少量）與大腦的發育有著密切的關係；節食會使人體稍微受到壓力，由於能量受限，身體和大腦會產生對應壓力的修復物質。大腦產生的修復物質是被稱為神經營養因子的BDNF，此神經營養因子（BDNF）為強化神經元的生成與連結的重要腦內物質，能促進將學習的內容以長期記憶的方式儲存起來，以節食來促進BDNF的分泌，能使大腦變得更健康⑬。

以熱情和毅力成功的名人們5

克服不幸與險惡環境，堅忍不拔的——喬安娜·羅琳

從小就喜歡說故事的喬安娜·羅琳，是一位不太適應社會生活的女子。大學畢業後，喬安娜·羅琳曾經短暫上班過，在母親過世後，為了就業，她前往葡萄牙，遇見了不幸的男子後結了婚，但是，她的老公毫無經濟能力，結果很快地便結束了兩人短暫的婚姻生活。再次回到故鄉的喬安娜·羅琳並不是獨自一人，她的肚子裡懷了小孩，從那時開始，喬安娜·羅琳開始痛苦的窮困生活，靠著政府的補助勉強地生活著。

但是，喬安娜·羅琳並不感到失意，在苦惱自己擅長的事是什麼之後，下定決心重新開始她從小就展露天分的寫作。她在家附近的咖啡廳寫作，一邊哄著哭鬧的小孩。由於當時維持生計已經十分困難，她先是在餐巾紙或紙片上寫作，一波三折之後，喬安娜·羅琳完成了哈利波特系列的第一本書《哈利波特—神祕的魔法石》，那時的她三十歲。不過，她的考驗沒有就此結束，她的書頻頻遭到出版社拒絕，理由是故事太長，並不適合小孩閱讀，但是喬

安娜·羅琳並沒有就此放棄，最後，在歷經十二次的拒絕後，終於和一間出版社簽約了。

一九九六年哈利波特系列終於出版，如《哈利波特—神祕的魔法石》書名般，施了魔法在喬安娜·羅琳身上，使她一日致富。在離成功遙遠的環境中長大的喬安娜·羅琳對於自己的處境並不感到悲觀，堅忍不拔地咬牙苦撐後，找到了自己擅長的事情，用此來克服自己所處的不幸環境。她的作品偉大的原因，或許是克服了環境的困難後造就的成就也說不定。

對「史上第一」這個修飾語不感到彆扭的女人——洪恩娥

談到最激烈的運動項目——足球比賽的「裁判」，自然而然會出現男性的形象，但是，在激烈運動場中央有一位配合選手呼吸頻率、不斷奔跑的女性，那個人就是大韓民國最年輕的國際足球總會（FIFA）裁判、亞洲第一位奧林匹克女子足球決賽主審、大韓民國第一位勝任歐洲冠軍聯賽（UEFA）主審的洪恩娥。對她來說，「史上第一」這個修飾語不會感到彆扭的女人。

一九八〇年生的洪恩娥，是平凡家庭裡的獨生女，父母想讓她成為美麗又可愛的小女孩，但是，比起洋娃娃或漂亮的衣服，洪恩娥從小就喜歡玩球。一九九四年她國中三年級時，觀看美國世界盃之後，洪恩娥就下定決心要成為裁判。在大韓民國，女性夢想成為足球裁判是幾乎不可能的事，再加上學業成績優秀，最後竟然選擇體育系就讀，這是任誰也料想不到的決定。洪恩娥回絕了母親的反對和班導師的勸說，意志十分堅定，最後進入了梨花女子大學體育系就讀。在進入大學後，洪恩娥為了尋找當上裁判的方法，想盡辦方找到了大韓足球協會的電話，然後，開始了她的挑戰。

之後，洪恩娥在滿二十歲時，取得了大韓足球協會二級裁判的資格，由此開始，毫不停歇地朝向自己的夢想前進，接連取得了國內裁判一級資格和ＦＩＦＡ裁判資格。接著，為了培養具有國際裁判的資質，進入研究所就讀，在研究所畢業後，馬上前往足球的起源國——英國留學。然而，她的這些努力與堅定的意志，許多人帶著有色的眼鏡及揶揄的心態看待，不僅年紀輕，連足球都沒踢過的女人，甚至有人因而搬弄是非，但越是這樣，洪恩娥越是不氣餒，越堅定她的信念。在勝任多場比賽的主審之後，徹底展現了自己的價值。

洪恩娥以女性的身分，在當上足球比賽的裁判之前，沒有停下腳步，勇往直前，就像「史上第一」的修飾語，絕不輕言放棄，不畏艱難往前衝。洪恩娥現在身為大韓足球協會的理事長，以ＦＩＦＡ裁判技術講師的身分活躍著。

第六章

培養堅持力量的解決方案

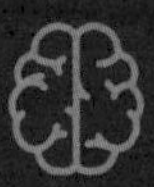
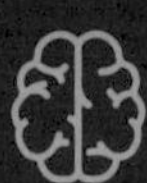

透過強化額葉的訓練來奠定基礎後，接著就需要活用了，放著打下的基礎不活用的話，一點用處也沒有。只要持之以恆地實踐本章提到的解決方案，你一定擁有堅持的力量，以此為基礎，就能踏上通往成功的捷徑了。

為了維持額葉的健康，必須培養良好的習慣。實踐良好的習慣就像在大腦裡蓋高速公路，然而，高速公路興建後，不是就這樣結束了，沒有車子奔馳的高速公路將變成無用之物，我們必須好好地利用辛苦興建的高速公路。

成功的人長期在自己擅長的領域工作，磨練出的實力受到別人的認可，成功並非僥倖，其原因是直到做出成果之前，均憑藉著不斷忍耐、堅持的力量。培養堅持的力量的過程中，大約能整理出五大可能的障礙物，分別是急性子、專注力不足、衝動性格、不必要的操煩以及負面思考。

這些問題都能被改正，不是太困難，不需要犧牲自己。而且這並不是財力或學歷的問題，而是意志力的問題，只要有決心，任何人都能恣意畫出成功的底稿。從現在開始，就活用額葉來解決這些問題吧！

第45 一，培養專注力

制定明確的目標

前面已經說明多巴胺這個化學物質，它在過度分泌時，會對人體產生不好的影響，但是，如果能透過額葉來適當地控制，沒有其他化學物質能像多巴胺這樣令人感到滿意了。多巴胺能引起慾望，使人專注於某件事，那麼，多巴胺什麼時候會分泌呢？當我們盼望某事時，多巴胺為了滿足此期待將會進行分泌。而什麼樣的活動才能使多巴胺分泌呢？最好的方法就是無論做什麼事，明確地制定目標。

我今年設定了兩個目標，第一個是此書的出版，第二個是在眾人面前演講。我沒有出版書籍當作家的經驗，也沒有在眾人面前演講的經驗，但是，光是制定目標也會使人心情愉悅和悸動。雖然沒有經驗，但是能達成這些事情，使得自信心大增，這是因為體內分泌了多巴胺。

在下定決心撰寫書籍後，最先要做的事是擬定細部的計畫；什麼時候要收集資料，內容架構要怎麼鋪陳，初稿要在什麼時候完成，什麼時候要開始接觸出版社等，通通寫在筆記本上。不這樣制定細部的目標，出版書籍這件事一定會不了了之。引起慾望的多巴胺並非毫無限制的分泌，因此，擬定細部計畫和制定目標就變得相對重要。就像是汽車不能將燃油耗盡，想要維持專注力，就必須制定中期目標，使多巴胺能隨時被分泌出來。

想像結果

沒有撰寫過書籍的我，也曾經在過程中感到害怕，而每當這個時候，我就會活用額葉，那就是想像。想像我撰寫的這本書陳列在書店時的情景；想像它成為最暢銷書籍時的場景；想像書籍大賣，銷售突破十萬本後，舉辦慶功會的樣子；想像電視台爭相邀訪及四處收到演講邀請的盛況；想像台下聽眾響起如雷掌聲，以及為了拿到我的簽名蜂擁而上的情況，單憑想像，就能情緒高漲，湧現源源不絕的慾望。

我在這裡增加了一個影像，想起平時尊敬的作家，想著他的每一個動作，他是如何創作，經過了什麼樣的努力，開始在腦海中鮮明地描繪著，試著描繪出他成功的模樣，就能感受到像自己成功時的榮景。每當想到這裡，我的情緒就會開始高漲激昂。當想到我成功的模樣受到眾人的尊敬，多巴胺就會大量分泌，無法控制的慾望就會湧現出來。每當空閒的時候，反覆這樣的想像，使我能重新專注於書籍寫作上。如果沒有活用健康的額葉，我將無法完成我想做的事情。

樹立楷模

樹立楷模是件多麼重要的事，下面就先列舉一個例子來看看。這是關於透過打造楷模來實現自己夢想，知名NBA籃球選手柯比．布萊恩（Kobe Bryant）的故事。

柯比．布萊恩是美國籃球界風迷一時的傳說級選手，他為了成為一名籃球選手，制定目標，心裡想著符合此目標的代表人物，而他設定目標的人物就是麥可．喬丹（Michael Jordan）。他能成功有許多原因，但是，他將偶像麥可．喬丹設定為目標，學習麥可．喬丹的一切，可謂是柯比．布萊恩能成功最大的原因。

柯比．布萊恩的技術和麥可．喬丹的技術相當類似，可以透過Youtube的影片來比較兩人的動作。柯比分析和研究了麥可．喬丹的每一個技術，持之以恆的訓練，最後，成功地將麥可．喬丹的技術變成是自己的技術。

如同麥可．喬丹成為排名在後段的芝加哥公牛隊的王牌，直到退休之前，一直效力於同一支球隊，柯比．布萊恩將自己的籃球生涯全部奉獻在洛杉磯湖人隊。柯比效力於洛杉磯湖人隊足足有二十年之久，除了他，幾乎沒有一個在同一支球隊活躍這麼多年的ＮＢＡ選手。柯比．布萊恩能夠堅持在同一支球隊效力這麼久的原因，是設定目標後全心全意專注於達成目標。他在剛進球隊時，也曾經坐了一陣子的冷板凳，但是，柯比沒有放棄，耐心等待發揮自己實力的時刻。在歷經長久的等候，柯比終於站上了ＮＢＡ最顛峰的狀態。像這樣賦予動機、樹立偶像，在維持專注力以及培養堅持力量上，扮演著重要的關鍵角色。現在馬上看看四周，你將會看見許多人長期在同一個崗位上默默努力的樣子。

如果你想要無論做什麼事都能持續堅持下去的話，一定要樹立一個楷模，就像柯比．布萊恩不斷重複想起心中的楷模，並且跟著效仿，那麼，某個瞬間你將會感受到與偶像合而為一，就像在柯比．布萊恩身上看見麥可．喬丹一樣。

專注力最大化的例子

現在輪到你了，進入公司後，不能發呆、只做別人交代的事情。從進入公司第一天開始，你就必須設定目標，進行自我開發，聚焦在如何才能將自己的能力發揮到極致。外語能力不好，就選定一種外語學習，直到精通為止。設定目標後，就決定要去補習班還是自學，當決定去補習班上課的話，先聽聽周圍朋友的建言後，在網路上搜尋風評好的補習班。

接著，想想一天要投資多少時間，下班後，即使有其他外務，也必須擬定一天至少要學習外語一到二個小時的目標。然後，決定一天要學習的分量，目標越具體越好。在實行目標設定的學習分量時，多巴胺就會被分泌出來，使我們能夠更專注於下一個目標的達成。千萬要記得，一步步完成短期設立的小目標，能夠幫助我們朝向長期大目標邁進。

隨時想像自己精通某外語的情景，流暢地與外國人對話的模樣；想像以尊敬、崇拜的眼神凝視著自己的配偶或愛人的表情；想像多虧自己流利的外語能力而與客戶簽定大筆生意合約的樣子；想像自己幫助遇到困難的外國旅客的樣子，感受身邊投射的羨慕眼神；想像以優異的成績從補習班畢業的模樣，這些所有的想像能幫助你將專注力最大化。

現在在腦海中增加一個形象，決定一個外語流利的人物並隨時想起。研究他是如何能說一口流利的外語，想像現在他成功的人生。親近的親戚也好，職場上司更好，越是與楷模對象越接近，感受越是鮮明，激昂的情感促進多巴胺分泌，將使你成為慾望更強烈的人。

與其等待公司認可你的能力，你必須更積極對公司展現你的能力。以被動姿態上班的人是絕對無法成功的，這樣的人無法徹底展現自己的能力、奠定成功的基石，難以在一間公司或一個職位上扎根。

第46 二，改變性格

當開始找尋我無法成功的原因之後，無論是什麼原因，皆一定無法持之以恆，追根究底就是因為急躁的個性，因此，性格問題也成為我撰寫本書的契機，相當的重要。而且更重要的是，無法堅持的原因可不單只是因為急躁的性格。

任何人都有想改掉的一兩種性格，而我也不只是性格急躁而已，更有推延事情的壞習慣。母親每次大喊「該刷牙了！」我總是回覆「等等再去刷！」，即使長大成人之後，仍然持續這種壞習慣，「明天再做吧！」、「休息一下再做吧！」、「又不是非常急迫！」當下做完就好的事，時常找任何藉口推延。此外，說謊、懶惰、不遵守約定、動不動就生氣等錯誤的壞習慣只會折磨自己，只會成為培養堅持力量的絆腳石。

這些壞習慣是如何形成的呢？性格的形成一部分雖然與遺傳基因有關，但更重要的是成長過程中所經歷的經驗。人在經驗當中會獲得特別的情感，大腦會將這些美好的情感儲存下來，每當需要的時候，就會找出來使用，反覆這樣的機制來形成性格。因此，決定你的性格是不斷反覆這樣的模式所形成的無意識行為。

實踐強化額葉的訓練

壞習慣是否能改掉呢？答案是絕對可以改掉，什麼都能改掉，只要活用健康的額葉就能辦到。前面我已經提過額葉的功能裡有控制急躁症的功能，但額葉是如何控管急躁症的呢？額葉管控掌管情感的邊緣系統，你所感受的情感是由邊緣系統所產生的，因此，在額葉凝聚越多的力量，越能約束邊緣系統的活動，當邊緣系統浮現過去情感所產生的快樂時，就必須活用額葉來切斷情感。答案出乎意料之外的非常簡單，就是徹底實踐強化額葉的訓練就能辦到。

你可能會認為很簡單也說不定，但是並非如此。強化額葉訓練所提及的學習新事物、冥想、有氧運動、充分的睡眠、攝取對大腦有益的營養等看起來很簡單，但必須問你自己能夠堅持執行多久的時間，我敢說能夠持之以恆實踐的人，十位中只有一位。

不要懷疑，試著實踐看看，持之以恆地實踐強化額葉的訓練，你將會驚訝額葉的成長。不要中途放棄，堅持下去一定能達成目標。

舉例來說，想要改掉懶惰的個性，就試著每天持續走路二十到三十分鐘。說謊的壞習慣也是如此，透過冥想，努力成長為一位真誠的人，找尋身邊踏實的人當作楷模，空閒時就想想那位楷模。只要持之以恆地實踐，在自己不知覺的情況下，你將會漸漸變成一位真誠的人。如果你是經常發脾氣的人，就得執行冥想和運動，也必須睡眠充足。一般來說，都是敏感的人比較容易發脾氣，一旦睡眠不足，額葉的活動力就會降低，使得判斷能力變遲鈍，一定會變得十分敏感，而睡眠能幫助改掉敏感的個性。

找尋新事物來學習，打造全新的環境，像是健康的興趣活動或環境的轉換，能消除憂鬱的情緒或煩躁的反應，使我們變得積極正面思考。屢屢爽約的壞習慣也是如此，不遵守約定的人都是懶惰或是意志力薄弱的人，透過運動或冥想來強化額葉，必定能改掉這種壞習慣。

記錄習慣

這裡再增加一項，那就是記錄習慣。閱讀或寫作為何能使額葉發達呢？先從結論說起的話，那就是寫作。雖然閱讀也活化額葉所需要的活動，但是寫作能更有效率地直接活化額葉。無論是寫日記、隨筆或是創作小說，其過程都是從無到有，必定需要大量使用思考的中樞——額葉。因此，無論創作什麼都可以，思考後寫下來的過程才是最重要的。將想法用文字記錄下來的過程，是促進額葉發達非常重要的活動。

試著將自己的一天用日記記錄下來吧！仔細觀察你想要改掉的個性出現的頻率，在一天快結束時，記錄在筆記本上。若想要改掉容易發脾氣的壞習慣，回想一下今天一整天忍住幾次沒有發脾氣，並記錄在筆記本上；相反地，如果無法忍住不發脾氣的話，回想一下是在什麼樣的情況下發了脾氣，仔細地記錄下來，並寫下之後如果又遇到一樣的情況自己要如何處理，那麼，在這個壞習慣自然而然改掉之前，空閒時就將筆記本拿出來看，此方法的效果比預期的還要有效。寫下自己容易發脾氣的狀況，經過一段時間，拿出來看時，就能認清自己都是因為一些微不足道的事情而忍不住發脾氣，記錄的習慣是客觀觀察自己的一個好方法。

再強調一次，大腦使我們採取行動，壞的個性或習慣可透過大腦迴路重組來改變。而改變大腦就能改變行為，行為改變後，才能改變你的未來。

47 第三，調節衝動

成為主導的人

如同成為額葉研究起點的費尼斯・蓋吉案例上，我們可以看到當額葉不健康時，容易使人被情感的衝動牽著鼻子走，而調節衝動的問題由於與情感連結有關，因此，能抑制這種現象的額葉相對扮演著重要的角色，活化理性思考的中樞——額葉，可輕易地解決衝動調節的問題。

首先，必須努力成為主導的人。在公司上班的話，午休時間是最長的休息時間，大腦的重量雖然只佔了人體整體的百分之二，但大腦所消耗的能量卻佔了人體的百分之二十，因此，如果不適時補充能量的話，工作的效率一定無法提升。午休時間是大腦活化所必需的休息時間，務必確保這段時間能適時的休息。

想看看和同事一起吃午餐、挑選菜單的情況，朴同事想吃辣炒豬肉飯，金課長和崔課長點了泡菜鍋，那麼你呢？仍然無法決定，「就點辣炒豬肉飯吧！」、「還考慮什麼？這家最好吃的就是泡菜鍋！」朴同事、金課長和崔課長都插了一句話，雖然你想吃你喜歡的大醬湯，但是礙於大家如果都點不一樣，會感到不好意思，經不起身邊同事的慫恿，最後就在同事們點的兩種菜單裡選擇了一種，這種決定並不是好的行為。無法自己判斷，經常受到旁人的慫恿，自己也不知不覺做出的行為，容易變成習慣，這樣容易變成受到一點誘惑就被迷惑的傾向。如此一來，就像是放任好不容易鍛鍊額葉的成果不管。就算努力強化額葉的訓練後，也必須知道如何徹底活用才行，成為主導健康額葉的人吧！

比起無條件遵從公司主管的命令，確實表達自己意見的人更能迎來成功。但是這並非意謂著要你不分青紅皂白地頂撞或反對主管的意思，意思是要你在主管表示自己的指令後，表達出自己的想法，「我的想法是這樣做好像也是一個好方法！」、「要不要試著這樣來處理？」必須時常表達自己的想法。

人生就是不斷的選擇，每個選擇的瞬間必須表達自己的想法，選擇吃炒瑪麵還是炸醬麵？不要苦惱，果斷地從中選擇一個。不要問別人穿紅色衣服還是藍色衣服？就順著自己的想法，只要這樣做，身體就能熟悉主導的行為，就能脫離衝動的性格。

集中專注力在現在做的事情上

抑制衝動需要什麼樣的習慣呢？那就是集中專注力在現在做的事情上，也就是必須有將事情收尾的習慣。這個做一點，那個做一點，如此三心二意的行為，對於成功毫無幫助，藉由強化額葉的訓練來鍛練額葉，就能集中專注力。

試著練習專注在一件事情上，不要受到周圍的誘惑與刺激。進行某事時，有時需要一次同時處理許多事情，越是這種時候，越要依序一項一項來完成，即使各部門都嚷嚷著自己的事情很急迫，也不要動搖，你無法同時滿足所有人的需求。比起同時處理各部門需求卻搞砸的人，完美順利只完成一件事的人可能獲得較高的評價；相反地，公司也是如此。如果期望以員工的能力為公司帶來發展的話，比起一次交代許多工作給一個員工，靈活適當地將工作分配給幾個員工，保證每個員工都能充分發揮自己的能力，公司就能更接近成功一步。

培養深思熟慮的習慣

最後，要培養深思慮的習慣。職場生活中將會面臨無數的誘惑和挑戰，被稱為壓力的怪物隨時都準備好要吃掉你。額葉處於壓力下將顯得僵硬，一旦沒有把持住正確的想法，容易被同事的話或周圍的環境操控。如果因為心裡動搖或不確定的未來，使得內心操煩的話，試著閉上雙眼沉思吧！回想進入公司時所下定的決心、目標與覺悟，想像忍耐困難的時刻，以及戰勝後將迎接的光明未來。

不僅是職場生活，平時培養深思熟慮的習慣也是非常重要。當衝動想購買馬上不會使用到的物品時，我們容易被誘惑給迷惑，這種情況必須立刻停止自己的行為，深入的思考，活用額葉來驅動理性思考的迴路作動，思考是否是必需的物品？不買是否也可以？買與不買分別會發什麼的事情。想像能讓額葉活化並提高專注力，使我們更能客觀地判斷現在的狀況。

誘發衝動的機制是因為大腦容易受到外部刺激的誘感惑，被搶走糖果的小孩哭鬧的原因，就是因被糖果的甜味給馴服的邊緣系統作動的緣故。再次強調，那些邊緣系統可適當受額葉控制的人，才能產生有益身體的影響，若額葉在不健康的狀態下，會使得邊緣系統過度活躍，讓我們容易受到周圍刺激的迷惑。因此，改掉衝動的性格，想要培養堅持的力量，必須維持額葉的健康。

大腦存在著髓磷質的重要物質，髓磷質就像是銅線包覆材料般包覆著軸突，增加訊息傳遞的速度，促進神經元間溝通的順暢以及維持神經元的健康。髓磷質越厚實，深思熟慮的能力越好，但是髓磷質也會因為壞的生活習慣而變薄，也就是受到過度飲酒或吸菸、睡眠不足、壓力過大等的影響。如此一來，額葉的功能自然而然就會無法發揮，喪失深思熟慮的能力，使得無論做什麼事都會衝動行事的機率大幅增加。因此，平時維持良好的生活習慣比什麼事情都要來得更重要。

第48 四，拋棄負面思考

注意力缺陷過動症（ADHD）是當額葉出現異常時所產生的疾病。將罹患ADHD的患者大腦拍攝下來，可以明顯看見額葉的活動力低落。罹患此疾病的患者對待事物的方式比起積極正面者，更傾向於負面思考❶❷，這是因為額葉在功能低落的狀態下，掌管情緒的邊緣系統之功能過度活躍的緣故。

負面思考是一定要改掉的習慣之一，即使沒有罹患ADHD，如果經常陷入負面思考，額葉出現異常的機率將會大幅增加。因此，儘早開始進行強化額葉的訓練，以維持額葉的健康。

具備感恩的心

為了從負面思考中脫離，如果徹底實踐強化額葉的訓練，接下來該做的事就是「具備感恩的心」。試想平時自己是否懷著感恩的心生活，別忘了下列的事項，並一一實踐它。

向上下班作為你雙腿的汽車說句感謝，向公司的同事道聲感謝，如果馬上沒有想起什麼事件的話，想想過去受到同事幫助的記憶。每當需要拜訪客戶時，事先想好要感謝什麼，只要你積極應對且懷有感恩的心對待對方的話，就能更加輕易地動搖客戶的心。

打電話給父母說聲感謝，感謝他們生下你，感謝他們健康地把你撫養長大。向老婆或老公說聲感謝，感謝她總是煮美味的飯等你回家享用，感謝他身為一家之主守護這個家。向小孩說一聲感謝你健康地長大，如果有養寵物的話，感謝牠總是逗你開心，感謝牠總是搖著尾巴迎接你回家。如果住在大樓裡，向大樓警衛說聲感謝，像這樣，我們周圍要感謝的人還真不少。

帶著感恩的心生活的話，負面的想法沒有任何趁虛而入的機會。從今天開始就馬上執行，如果剛開始感到困難的話，先設定「一天感謝十次」的目標也是很好的開始。以感恩的心生活的話，負面思考就會漸漸消失，開始出現積極正面的思考。與同事及客戶建立良好的關係能夠使工作能力提升，也能使營收增加。對父母及配偶懷著感恩的心，迎向家庭和平，就像「家庭和睦，所有的事情就能順利地迎刃而解」這句話一樣，生活的各個層面將會變得更加美好，光是脫離負面思考就能獲益良多。

擺脫負面思考

第二個推薦的習慣是擺脫負面思考。負面思考一般都是對於還未發生的事生所產生的臆測，我們不經意對於明年年度業績採取負面的展望，預期考試的結果不好，認為自己的能力不足，反覆這些負面思考的話，就有更高的機率迎來負面的結果。

每次出現負面思考時，立刻停止這樣的想法，找一個安靜的地點進行冥想。進入冥想後，額葉就會開始活躍運作，專注力也會跟著提高。想像明年的業績是今年的兩倍，清晰地想像考試合格，與家人分享喜悅的情形，想像成交重要的交易，為公司帶來可觀的銷售額。

在這裡增加一個形象，在腦海中想起公司一位值得效仿的對象或是一位有名的企業家也好。這形象在你的想像裡附有一雙翅膀，在空閒的時候，鮮明地想像成功的人生，切斷你大腦裡過去的負面神經迴路，開始建構積極正面的神經迴路，你的大腦將會根據未來確實能成功的信號，開始分泌獎勵的化學物質，你的想法將開始支配身體，使你脫離囚禁在負面思考的人生。

不要怪罪別人

最後推薦的習慣就是不要怪罪別人。經歷職場生活後，大致上可以遇到兩種人，一種是遇到問題後迅速解決問題的人，另一種是先追究是誰犯錯的人。兩種人當中，哪一種人更能適應社會的生活呢？總認為自己是對的、別人是錯的人，總是不信任別人，這是因為他總是帶著懷疑的眼神看待別人。組成團隊進行專案時，比起團隊合作更想展現自己的能力，認為個人的欲望更為重要，這樣不僅無法對自己的經歷有任何幫助，更會成為職場生涯的絆腳石。對別人帶著負面的眼光，就跟貶低自己的能力沒有什麼兩樣。

雖然是很丟臉的過去，我也曾經有一陣子是這樣子的思考模式，總是認為自己是對的，因為別人而讓自己受害吃虧。會換這麼多工作的原因中，被害意識就是其中一個很大的原因。但當我找到原因後，我就下定決心要改掉我的思考模式，現在也努力想要改掉怪罪他人的思考方式。

想要能不怪罪別人，必須展現以身作則的風範，無論什麼事情，不要看別人臉色，先採取行動吧！有時候行為也能改變想法，只要積極面對，額葉也會站在你這一邊的。多稱讚別人的行為，儘可能找尋能夠一起執行的事情，發揮合作的精神。

從今天開始，不要裝作沒看見正在搬運厚重物品的同事，主動上前幫忙。收到困難任務時，不要推拖給別人，自己努力完成。走在路上發現提著沉重行李的老人，跑上前去協助。看見孕婦時，將座位讓出來，與家人共同分擔洗碗或其他家事。只要用積極的態度生活，根本就不會有時間怪罪別人。體貼別人，分擔別人擔子的行為，能成為使自己更進步的契機。成功取決於在徹底發揮自己能力之前，你能夠多忍耐。由於驗證自己的能力需要時間，培養堅持力量比什麼都還要重要。再者，為了能堅持到底，必須以歡喜的心來做事，因此，必須努力培養以身作則的好習慣。

改變思考模式的話，人生就能煥然一新，成功就在不遠處，成功就在眼前。改變大腦就能改變生活態度，改變生活態度就能邁向成功。

49 第五，驅散不安與擔憂

中腦的邊緣系統掌管內心的情緒，其中杏仁核具有記憶像是恐懼、悲傷和快樂等強烈情感經驗的功能，當面臨危機時，可立即做出反應的系統，也多虧有此一機制，人類才能迅速從威脅中脫離。也就是說杏仁核可謂是生存問題上不可或缺的重要器官，但是，杏仁核過度活躍的話，就會出現問題，連非常細微的刺激，杏仁核也會敏感地做出反應，將陷入極其不安的狀態。而當我們無時無刻處於恐懼、不安或悲傷的話，會發生什麼事呢？這些狀態持續的話，受憂鬱症或強迫症折磨的機率就會增加，如此一來，就會無法培養成功所需的堅持力量，那麼，要如何克服解決此問題呢？

額葉與邊緣系統上掌管情緒的杏仁核直接連接著，我們必須活用額葉來管控杏仁核，因此，日常必須透過實踐強化額葉的訓練來維持健康的額葉。

專注學習新事物

想要抑制變得敏感的杏仁核，就必須活化額葉，那麼，哪些活動最有效呢？前面提過，額葉在接收新事物時是最活躍的時候。操心勞命折磨自己時，就試著安排旅行，在陌生的地方遇見的美麗風景與人可以使額葉活化，消除那些毫無意義的不安與擔心。

試著挑戰學習新知，學習新事物時，所有的雜念都會消失，因為額葉為了專注於某件事情上，會切斷周圍的刺激，安撫無謂的擔憂與操煩。身心俱疲或不安感突然來襲時，不要一個人悶不吭聲，積極參加聚會或是活動。社交能力越好，額葉就越活躍，不安的心將會消失得無影無蹤，取而代之的是充滿生機活力的健康想法。

規律的運動

運動不僅能強化額葉，也是能讓我們脫離不安和焦躁的一種有效的治療方式。像是瑜伽和登山等有氧運動，可以促進額葉更活絡，使我們更專注，並幫助消除壓力。不安大部分是對於未發生的事情產生擔憂，越是執著於過去，越是不安，而額葉能幫力你專注於現在進行的事，因此，運動可謂是一種非常好的治療方式。

不要理會自己無法控制的事情

糾結在無法控制的事情上，只會更加渲染不安的情緒。想像公司為了調整結構向員工發表，在職場生活中感到壓力最大的就是被辭退，而越是這種時候，活用額葉越能安撫情緒，比起像別人三三兩兩聚在一起討論八掛或是露出擔心的表情，倒不如努力做好現在負責的事情。擔心與不安不會改變任何事情，不要理會自己無法控制的事情，只要努力在眼前正在做的事情就好，只要相信健康的額葉並專注於工作上就可以了。平時努力實踐強化額葉的訓練，就能安全度過這種危機。

平時進行放鬆身體的訓練

觀察經常感到不安的人，能在他們身上看見常常因為小事而做出敏感的反應，特別是完美主義者，連微不足道的疏失也能擴大解讀。想像與重要的合約相關的發表會之前，發現漏了某個資料，敏感的人在腦海中「沙盤推演」了各式各樣的情況，因此變得越來越不安，「主管會不會嘮叨？」、「年終考核的時候會不會拿到很低的分數？」、「是不是無法升職了？」、「萬一合約沒簽成，是不是會找我興師問罪？」然而，這些擔憂都只是自己憑空想像出來的假設而已，不會單憑一項資料的疏漏就影響合約的簽署與否。像這樣陷在瞎操心的情境裡，是無法持之以恆地做好一件事的，因此，我們更應該要活化額葉。

最好的方法是平時就進行放鬆身體的訓練，任何地方都能進行的方法就是冥想或沉思，閉上雙眼，努力讓自己停留在當下。活化額葉能使專注力提升，集中專注力於現在，並非過去或未來。擔心還未發生的事情，或過去不幸事件的經驗折磨著自己時，試著藉由冥想和沉思來克服吧！

記錄在筆記本，將對象客觀化

將誘發不安和擔憂的事情記錄在筆記本上，判斷那件事是否自己能夠控制，現實生活中發生的機率高低，這也是一個好方法。害怕電梯會故障，就將這不安感寫在筆記本上，同時確認這棟大樓是否曾經發生過電梯故障事故，並也寫在筆記本上；害怕升職名單上有疏漏，試著將它記錄在筆記本上，然後，寫下這是我無法控制的事情，加上回想自己平時有多努力在工作上，寫下會虛心接受結果，寫下升職了當然最好，萬一沒有升職，要更加奮發努力的決心。

重要的是，要自覺對於那些還未發生的事和自己無法控制的事，所有的擔憂與不安都是毫無意義的。經常不安或擔憂是因為平時過度地沉浸在情緒裡，這就是放任過度活躍的邊緣系統不管所導致的結果。活化額葉，必須早日培養轉換成能抑制杏仁核功能的生活習慣，這樣的變化才能使得你不會輕易地厭倦，引導你更專注於自己負責的事情上。

50 堅持下去就能成功

培養堅持力量是一件非常重要的事，無論是職場生活多年、進行興趣活動多年或是學習多年，只要是過程中都集中專注力的話，一定會獲得什麼。

經常可以看見把興趣當作為職業的人，一開始只是喜歡，當作興趣來進行，沒想到就變成一生的職業，進而在那個領域獲得專家的認證。

在同一個職場長期努力經營的人和在各不同領域到處「蜻蜓點水」的人之間的差異是什麼呢？看看我的朋友中，超過某一定平均年資的人，明確能在他們身上看見與我的差異。無論他們喜歡與否，他們都在同一間公司工作堅持多年，而在他們駐足在同一個地方打拼的期間，我就像是候鳥遷徙般到處換工作，在經歷上留下難以說明的污點，相反地，他們自己累積的經歷卻如此耀眼奪目。

無論什麼事，只要具備堅持到底的習慣，就會變成一種專長，最後成為使自己進一步發展的基礎。相信你們一定都聽過「御宅族」，指的是沉溺於動畫、遊戲和小說等的日語名詞。在御宅族中，岡田斗司夫（Okada Toshio）被稱為「御宅之王」（御宅族之王），他不理會周圍人士，只專注於動畫和遊戲，是御宅族中的御宅族。他沉溺於自己喜歡的動畫，甚至被稱為那個領域的大師，最後創立了GAINAX這間公司，製作了《新世紀福音戰士》的作品，因此名聲遠播。除了製作動畫之外，他還出版了書籍，受到御宅族的愛戴。岡田斗司夫因為熱衷於自己喜歡的事情而實現了自己的夢想。

無法持以之恆的習慣不只是單純的問題而已，這也是使我與別人出現差異的原因。看看你的周圍，身邊充滿了想要越超你、專注在自己事情上的人，如你也能像他們一樣堅持到底，無法持之以恆的習慣便能改掉。務必要遵循本書所提的方法，期望你的人生能夠脫胎換骨。

以熱情和毅力成功的名人們6

真正的努力不會被背叛——李承燁

自職業棒球出現以來，李承燁擁有最多全壘打記錄的選手、最臨危不亂的選手、勝利女神、八次的男子漢和日本殺手等稱號。李承燁雖然是大韓民國培育的最優秀棒球選手，這當中卻也隱藏著他的努力，以及展現出為何他能成為偉大的打者。李承燁在認識什麼是棒球之前，就非常喜歡球，身邊總是無時無刻帶著球玩耍。在他七歲時出現職業棒球，也就自然而然地決定了他的夢想。

很早就找到夢想的李承燁，在追逐夢想的道路上不曾停歇，他腦海中只有棒球。不過，他的父母並不希望他成為棒球選手，但是他仍然沒有退縮或屈服，最後，他放棄進入大學，加入了三星獅。之後，如大家所知道的，李承燁寫下韓國棒球史永留後世的紀錄。然而，李承燁並非一路上都是戰無不勝，他也曾經無數次陷入極度萎靡不振，特別是成為國家代表隊時期，無法戰勝給自己的壓力，寫下許多不符合預期的成績。

但是，李承燁並沒有就此放棄，在大家都在睡覺的時候，跑到球場不停地練習揮棒，不斷地修正姿勢及強化心理素質，也因為這樣的努力，幫助球隊度過了每次的危機。即使氣氛再怎麼低迷不振，在決定性的一刻揮出精彩一擊的選手總是李承燁。他進軍日本時，也遇上了考驗，在進入千葉羅德海洋隊的第一年，獲得了非常難看的成績單，但是，二〇〇五年千葉羅德海洋隊獲得日本冠軍，李承燁也榮獲了優秀選手獎。

他在日本陷入低潮時，隊友所拍的照片一度成為話題。那天沒有任何訓練行程，選手們都在休息，有些選手不是跑去吃美食，就是去室內高爾夫球場紓解壓力，但是，李承燁選手一個人在停車場汗如雨下地練習打擊。拍下這張照片的隊友表示，李承燁比本國選手還能在競爭激烈的日本職棒圈裡活躍的原因，就是因為來自於永無止境的練習。

李承燁從來不曾放棄他從小就懷抱的夢想，不斷地往前邁進，即使成為職業選手後，甚至是最優秀的打擊手之後，仍然沒有停止努力。看著他一路成長的隊友表示，不輕言放棄的嚴格訓練造就了李承燁的成功，就像李承燁自己說過的話一樣，只要朝向目標，永不放棄的努力，最後一定能得到相對應的回報。

附錄／參考文獻

第一章

1. 《기적을 부르는 뇌（暫譯：帶來奇蹟的大腦）》，노먼 도이지，지호，2008，p.227~278.
2. 《인간적인 너무나 인간적인 뇌（暫譯：人性太人性的大腦）》，리처드 레스택，휴머니스트，2015，p.26~27
3. 《나의 뇌는 나보다 잘났다（暫譯：我的大腦比我更厲害）》，프란카 파리아넨，을유문화사，2018，p.31.
4. 《기적을 부르는 뇌（暫譯：帶來奇蹟的大腦）》，노먼 도이지，지호，2008，p.36.
5. 《기적을 부르는 뇌（暫譯：帶來奇蹟的大腦）》，노먼 도이지，지호，2008，p.36.
6. 《꿈을 이룬 사람들의 뇌（暫譯：實現夢想的人腦）》，조 디스펜자，한언，2009，p.86.
7. 《기억의 비밀（暫譯：記憶的祕密）》，에릭 캔델，래리 스콰이어，해나무，2016，p.78~79.
8. 《꿈을 이룬 사람들의 뇌（暫譯：實現夢想的人腦）》，조 디스펜자，한언，2009，p.88.
9. 《당신이 플라시보다（暫譯：你是安慰劑）》，조 디스펜자，샨티，2016，p.121~122.
10. 《커넥톰，뇌의 지도（暫譯：聯結體，大腦的指導）》，승현준，김영사，2014，p.16.
11. 《시냅스와 자아（暫譯：突觸與自我）》，조지르 루드，동녘사이언스，2005，p.91.
12. 《뇌 이야기（暫譯：大腦的故事）》，딘 버넷，미래의창，2018，p.67~68.
13. 《내 안의 CEO，전두엽（暫譯：我體內的CEO—額葉）》，엘코논 골드버그，시그마프레스，2008，p.40.
14. 《시냅스와 자아（暫譯：突觸與自我）》，조지르 루드，동녘사이언스，2005，p.90~92.

15. 《커넥톰，뇌의 지도（暫譯：聯結體，大腦的指導）》，승현준，김영사，2014，p.108.
16. 《시냅스와 자아（暫譯：突觸與自我）》，조지프 르두，동녘사이언스，2005，p.103~104.
17. 《놀라운 가설（暫譯：驚人的假說）》，프랜시스 크릭，궁리，2015，p.176.
18. 《기적을 부르는 뇌（暫譯：帶來奇蹟的大腦）》，노먼 도이지，지호，2008，p.267.
19. 《당신의 뇌는 최적화를 원한다（暫譯：你的大腦想要最佳化）》，가바사와 시온，쌤앤파커스，2018，p.28.
20. 《당신의 뇌는 최적화를 원한다（暫譯：你的大腦想要最佳化）》，가바사와 시온，쌤앤파커스，2018，p.64.
21. 《당신의 뇌는 최적화를 원한다（暫譯：你的大腦想要最佳化）》，가바사와 시온，쌤앤파커스，2018，p.241
22. 《인듀어（暫譯：忍耐）》，알렉스 허치슨，다산초당，2018，p.88.
23. 《브레인 룰스（暫譯：大腦守則）》，존 메디나，프런티어，2009，p.217.
24. 《당신이 플라시보다（暫譯：你是安慰劑）》，조 디스펜자，샨티，2016，p.159~160.
25. 《뇌，1.4킬로그램의 배움터（暫譯：大腦是1.4公斤的學習中心）》，사라 제인 블랙모어 외，해나무，2009，p.259.
26. 《기적을 부르는 뇌（暫譯：帶來奇蹟的大腦）》，노먼 도이지，지호，2008，p.352.
27. 《기적을 부르는 뇌（暫譯：帶來奇蹟的大腦）》，노먼 도이지，지호，2008，p.28~29.
28. 《라마찬드란 박사의 두뇌 실험실（暫譯：拉馬錢德蘭博士的頭腦實驗室）》，라마찬드란，바다，2016，p.110~116.
29. 《당신이 플라시보다（暫譯：你是安慰劑）》，조 디스펜자，샨티，2016，p.182.
30. 《꿈을 이룬 사람들의 뇌（暫譯：實現夢想的人腦）》，조 디스펜자，한언，2009，p.60~61.
31. 《당신이 플라시보다（暫譯：你是安慰劑）》，조 디스펜자，샨티，2016，p.135~136

第二章

1. 《꿈을 이룬 사람들의 뇌（暫譯：實現夢想的人腦）》，조 디스펜자，한언，2009，p.346.
2. 《브레인 룰스（暫譯：大腦守則）》，존 메디나，프런티어，2009，p.69.
3. 《당신이 플라시보다（暫譯：你是安慰劑）》，조 디스펜자，샨티，2016，p.214.
4. 《라마찬드란 박사의 두뇌 실험실（暫譯：拉馬錢德蘭博士的頭腦實驗室）》，라마찬드란，바다，2016，p.329~334.
5. 《꿈을 이룬 사람들의 뇌（暫譯：實現夢想的人腦）》，조 디스펜자，한언，2009，p.350.
6. 《가장 뛰어난 중년의 뇌（暫譯：最傑出的中年大腦）》，바버라 스트로치，해나무，2011，p.135.
7. 《그것은 뇌다（暫譯：那個就是大腦）》，다니엘 G 에이멘，한문화，2008，p.171.
8. 《의식의 비밀（暫譯：意識的祕密）》，사이언티픽 아메리칸，한림，2017，p.216~217.
9. 《앞쪽형 인간（暫譯：前腦型人類）》，나덕열，허원미디어，2008，p.23.
10. 《당신이 플라시보다（暫譯：你是安慰劑）》，조 디스펜자，샨티，2016，p.138.
11. 《내 안의 CEO，전두엽（暫譯：我體內的CEO—額葉）》，엘코논 골드버그，시그마프레스，2008，p.194，199.
12. 《뷰티풀 브레인（暫譯：美麗大腦）》，다니엘 G 에이멘，판미동，2012，p.89.
13. 《뇌 이야기（暫譯：大腦的故事）》，딘 버넷，미래의창，2018，p.49.
14. 《꿈을 이룬 사람들의 뇌（暫譯：實現夢想的人腦）》，조 디스펜자，한언，2009，p.108.
15. 《당신의 뇌는 최적화를 원한다（暫譯：你的大腦想要最佳化）》，가바사와 시온，쌤앤파커스，2018，p.118~120.
16. 《꿈을 이룬 사람들의 뇌（暫譯：實現夢想的人腦）》，조 디스펜자，한언，2009，p.350.

17. 《BRAIN STORY》，BBC檔案資料六集，BBC製作，共六集中第六集
18. 《의식（暫譯：意識）》，크리스토퍼 코흐，알마，2014，p.203~205.
19. 《앞쪽형 인간（暫譯：前腦型人類）》，나덕열，허원미디어，2008，p.34.
20. 《기억은 미래를 향한다（暫譯：記憶通往未來）》，문예출판사，2017，p.238.
21. 《꿈을 이룬 사람들의 뇌（暫譯：實現夢想的人腦）》，조 디스펜자，한언，2009，p.358~359.
22. 《의식（暫譯：意識）》，크리스토퍼 코흐，알마，2014，p.79

第三章

1. 《당신이 플라시보다（暫譯：你是安慰劑）》，조 디스펜자，샨티，2016，p.93~94.
2. 《당신이 플라시보다（暫譯：你是安慰劑）》，조 디스펜자，샨티，2016，p.55，58~60.
3. 《당신이 플라시보다（暫譯：你是安慰劑）》，조 디스펜자，샨티，2016，p.91.
4. 《당신이 플라시보다（暫譯：你是安慰劑）》，조 디스펜자，샨티，2016，p.105.
5. 《생각의 힘을 실험하다（暫譯：實驗想法的力量）》，린 맥타가트，두레，2012，p.239~249.
6. 《그것은 뇌다（暫譯：那個就是大腦）》，다니엘 G 에이멘，한문화，2008，p.168.
7. 《당신이 플라시보다（暫譯：你是安慰劑）》，조 디스펜자，샨티，2016，p.85.
8. 《내 안의 CEO，전두엽（暫譯：我體內的CEO—額葉）》，엘코논 골드버그，시그마프레스，2008，p.51~52.
9. 《기적을 부르는 뇌（暫譯：帶來奇蹟的大腦）》，노먼 도이지，지호，2008，p.160~161.

第五章

1. 《뷰티풀 브레인（暫譯：美麗大腦）》，다니엘 G 에이멘，판미동，2012，p.34~35.
2. 《뷰티풀 브레인（暫譯：美麗大腦）》，다니엘 G 에이멘，판미동，2012，p.41.
3. 《뷰티풀 브레인（暫譯：美麗大腦）》，다니엘 G 에이멘，판미동，2012，p.292.
4. 《생각의 힘을 실험하다（暫譯：實驗想法的力量）》，린 맥타가트，두레，2012，p.146~147.
5. 《꿈을 이룬 사람들의 뇌（暫譯：實現夢想的人腦）》，조 디스펜자，한언，2009，p.129.
6. 《브레인 룰스（暫譯：大腦守則）》，존 메디나，프런티어，2009，p.34.
7. 《기적을 부르는 뇌（暫譯：帶來奇蹟的大腦）》，노먼 도이지，지호，2008，p.323.
8. 《운동화 신은 뇌（暫譯：穿運動鞋的大腦）》，존 레이티 외，녹색지팡이，2009，p.20.
9. 《뷰티풀 브레인（暫譯：美麗大腦）》，다니엘 G 에이멘，판미동，2012，p.187.
10. 《뷰티풀 브레인（暫譯：美麗大腦）》，다니엘 G 에이멘，판미동，2012，p.174~176.
11. 《기적을 부르는 뇌（暫譯：帶來奇蹟的大腦）》，노먼 도이지，지호，2008，p.308.
12. 《당신의 뇌는 최적화를 원한다（暫譯：你的大腦想要最佳化）》，가바사와 시온，쌤앤파커스，2018，p.143.
13. 《가장 뛰어난 중년의 뇌（暫譯：最傑出的中年大腦）》，바버라 스트로치，해나무，2011，p.249.

第六章

1. 《내 안의 CEO，전두엽（暫譯：我體內的CEO—額葉）》，엘코논 골드버그，시그마프레스，2008，p.243.
2. 《그것은 뇌다（暫譯：那個就是大腦）》，다니엘 G 에이멘，한문화，2008，p.178~179.

參考文獻

- 《돈키호테（暫譯：唐吉訶德）》，미겔 데 세르반테스，시공사，2015.
- 《뇌 1.4킬로그램의 사용법（暫譯：大腦1.4公斤的使用方法）》，존 레이티，21세기북스，2010.
- 《브레인 스토리（暫譯：大腦的故事）》，수전 그린필드，지호，2004.
- 《생명이란 무엇인가（暫譯：生命是什麼？）》，에르빈 슈뢰딩거，궁리，2007.
- 《빙의는 없다（暫譯：沒有鬼附身這件事）》，김영우，전나무숲，2012.
- 《불안（暫譯：不安）》，조지프 르두，인벤션，2017.
- 《뇌 속에 또 다른 뇌가 있다（暫譯：大腦裡又另一個大腦）》，장동선，아르테，2017.
- 《브레이킹（暫譯：打破）》，조 디스펜자，프렘，2012.
- 《스스로 치유하는 뇌（暫譯：自行治癒的大腦）》，노먼 도이지，동아시아，2018.
- 《10대의 뇌（暫譯：十幾歲的大腦）》，프랜시스 젠슨 외，웅진지식하우스，2019.
- 《그림으로 읽는 뇌과학의 모든 것（暫譯：用圖像來讀取大腦科學的一切）》，박문호，휴머니스트，2013.
- 《달라이라마，마음이 뇌에게 묻다（暫譯：達賴喇嘛，內心質問大腦）》，샤론 베글리，북섬，2008.
- 《범인은 바로 뇌다（暫譯：犯人就是大腦）》，한스 J 마르코비치 외，알마，2010.
- 《뇌과학으로 풀어보는 감정의 비밀（暫譯：用大腦科學解開情感的祕密）》，마르코 라울란트，동아일보사，2008.
- 《느끼는 뇌（暫譯：感覺的大腦）》，조셉 르두，학지사，2006.
- 《두뇌와의 대화（暫譯：與大腦的對話）》，앨런 로퍼 외，처음북스，2015.
- 《빅 브레인（暫譯：大腦）》，게리 린치 외，21세기북스，2010.
- 《뇌를 경청하라（暫譯：傾聽大腦）》，김재진，21세기북스，2010.

- 《뇌 속의 신체지도（暫譯：大腦內的身體指導）》，샌드라 블레이크슬리，이다미디어，2011.
- 《뇌가 건강해지는 하루 습관（暫譯：讓大腦健康的一日習慣）》，사토 도미오，봄풀，2010.
- 《똑똑한 뇌 사용설명서（暫譯：聰明大腦的使用方法）》，샌드라 아모트 외，살림，2009.
- 《뇌의 발견（暫譯：大腦的發現）》，브리태니커 편찬위원회，아고라，2014.
- 《피아니스트의 뇌（暫譯：鋼琴家的大腦）》，후루야 신이치，끌레마，2016.
- 《붓다 브레인（暫譯：佛陀的大腦）》，릭 핸슨 외，불광，2010.
- 《생각의 빅뱅（暫譯：想法大爆炸）》，에릭 헤즐타인，갈매나무，2011.
- 《뇌의 마음（暫譯：大腦的心思）》，월터 프리먼，부글북스，2007.
- 《더 브레인（暫譯：大腦）》，데이비드 이글먼，해나무，2017

台灣廣廈 國際出版集團
Taiwan Mansion International Group

國家圖書館出版品預行編目（CIP）資料

額葉力：啟動大腦成功基因！以「自我覺察」與「額葉強化」重塑神經迴路，從內在情緒到外在行為調節，激發嶄新的自己！/ 高鶴俊作. -- 初版. -- 新北市：財經傳訊, 2023.10
面； 公分
ISBN 978-626-7197-34-9（平裝）
1.CST: 腦部 2.CST: 健腦法 3.CST: 健康法

394.91 112013361

財經傳訊
TIME & MONEY

額葉力

啟動大腦成功基因！以「自我覺察」與「額葉強化」重塑神經迴路，從內在情緒到外在行為調節，激發嶄新的自己！

《你有多堅持，就會有多成功》全新封面版

作　　者／高鶴俊
譯　　者／蔡忠仁
編輯／許秀妃
封面設計／何偉凱
製版・印刷・裝訂／東豪・弼聖・秉成

行企研發中心總監／陳冠蒨
媒體公關組／陳柔彣
綜合業務組／何欣穎
線上學習中心總監／陳冠蒨
數位營運組／顏佑婷
企製開發組／江季珊

發 行 人／江媛珍
法 律 顧 問／第一國際法律事務所 余淑杏律師・北辰著作權事務所 蕭雄淋律師
出　　版／財經傳訊
發　　行／台灣廣廈有聲圖書有限公司
地址：新北市235中和區中山路二段359巷7號2樓
電話：（886）2-2225-5777・傳真：（886）2-2225-8052

代理印務・全球總經銷／知遠文化事業有限公司
地址：新北市222深坑區北深路三段155巷25號5樓
電話：（886）2-2664-8800・傳真：（886）2-2664-8801
郵 政 劃 撥／劃撥帳號：18836722
劃撥戶名：知遠文化事業有限公司（※單次購書金額未達1000元，請另付70元郵資。）

■出版日期：2023年10月
ISBN：978-626-7197-34-9